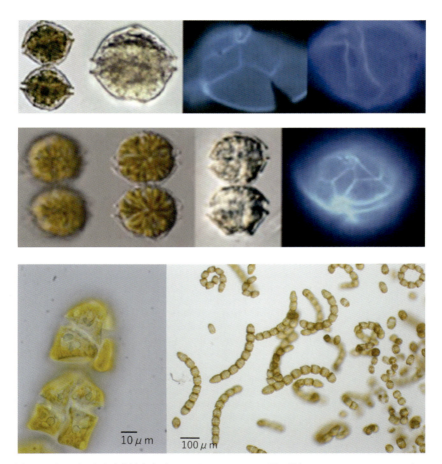

図 7·1　わが国の主な麻痺性有毒プランクトン *Alexandrium* 属 2 種と *Gymnodinium catenatum*（110 ページ）
　　　上段：*Alexandrium tamarense*．細胞長 26 〜 38 μm．
　　　中段：*Alexandrium catenella*．細胞長 21 〜 48 μm．
　　　下段：*Gymnodinium catenatum*．細胞長 31 〜 40 μm（連鎖細胞），48 〜 65 μm（単独細胞）．
　　　Alexandrium 属は，ほぼ球形をしており，広くて深い横溝が細胞の周囲を一周している．その形態的分類は，細胞表層の殻（鎧板）の模様の特徴で行われる．*G. catenatum* は写真のように長い連鎖を作ることが多い．
　　　写真提供：東京大学 福代康夫博士（上・中段），国立研究開発法人水産研究・教育機構 瀬戸内海区水産研究所 坂本節子博士（下段）．

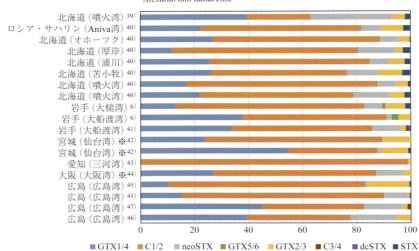

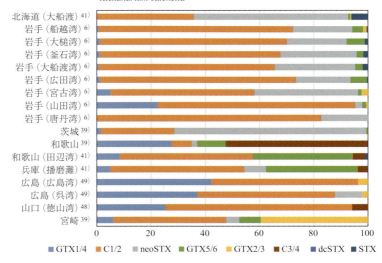

図7・3 わが国の各地域における *Alexandrium tamarense* と *Alexandrium catenella* の細胞毒組成（112ページ）
※は自然群集の値
カッコ内の数値は章末の文献番号を示す．毒組成の略称については，1章参照．

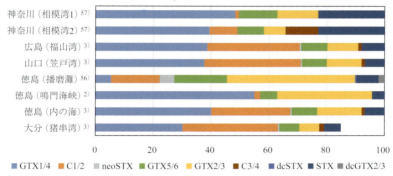

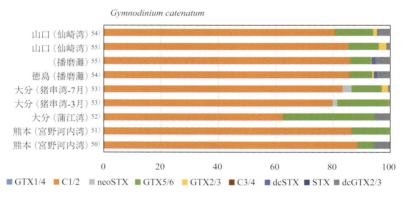

図 7・4 わが国の各地域における *Alexandrium tamiyavanichii* と *Gymmnodinium catenatum* の細胞毒組成（112 ページ）
カッコ内の数値は章末の文献番号を示す．毒組成の略称については，1 章参照．

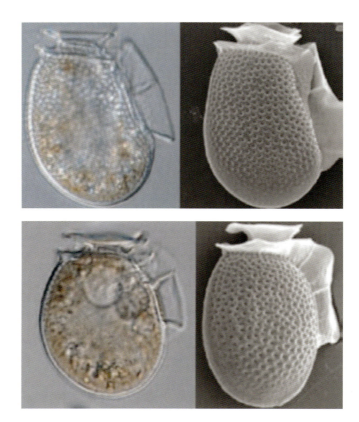

図7・5　わが国の主な下痢性有毒プランクトン *Dinophysis* 属2種（114ページ）
　　　上段：*Dinophysis fortii*. 細胞長60〜80 μm. 細胞の側面観は長卵型やナス形.
　　　下段：*Dinophysis acuminata*. 細胞長38〜58 μm. 細胞の側面観は楕円形.
　　　写真提供：東京大学 福代康夫博士.

水産学シリーズ

187

日本水産学会監修

貝　毒
新たな貝毒リスク管理措置ガイドラインとその導入に向けた研究

鈴木敏之・神山孝史・大島泰克　編

2017・9

恒星社厚生閣

まえがき

　ホタテガイ，カキ，アサリなどの二枚貝は，日本人にとって日々の食卓を彩る親しみ深い食材である．また，ホタテガイの生産量は世界2位，カキとアサリは4位と，わが国は二枚貝の生産大国であり，同時に消費大国でもある．貝毒による食中毒は，有毒プランクトンにより生産された毒が二枚貝に蓄積され，こうして毒化した二枚貝をヒトが喫食することにより起こる．貝毒による食中毒被害の防止は，食品衛生上の課題であるが，同時に二枚貝産業の振興上も極めて重要な課題でもある．近年，わが国では市場に流通した二枚貝による中毒事例はほとんどなく，貝毒が食品衛生上の問題になることもほとんどない．このことは，先人たちの研究成果や行政施策により確立したわが国の貝毒リスク管理が極めて効果的に機能していることを裏付けている．

　貝毒による中毒被害を防止するためには，中毒原因毒の化学的性状や毒性，ヒトの健康被害における原因毒のリスク評価，貝毒検査における分析法，生産地から流通に至る二枚貝のリスク管理など，極めて多岐にわたる知識が必要になる．わが国の貝毒監視体制において，要となってきた試験法はマウス毒性試験法と呼ばれる動物試験法であった．この動物試験法により，わが国や世界の多くの国々の貝毒のリスク管理が行われてきた．その一方で近年の目覚ましい分析技術の発達により，マウス毒性試験法の代替法として，貝毒の機器分析法や簡易測定法が開発され，試験研究の現場に導入されるようになってきた．

　マウス毒性試験から代替検査法へと移行する国際的な流れの中，わが国においても2015年4月から下痢性貝毒公定法がマウス毒性試験法から機器分析法に移行した．また，同時期に農林水産省から「生産海域における貝毒の監視および管理措置について」および「二枚貝等の貝毒リスク管理に関するガイドライン」が出され，昭和54年水産庁長官通達「ホタテガイ等の貝毒について」に始まる一連の通達，通知等の改正が進められてきた．こうした行政施策に対応して，有毒プランクトンや二枚貝の毒力監視現場においては，従来の知見の整理と新たな知見の蓄積が必要となっている．有毒プランクトンや貝毒に関する知見がまとめられた最新の書籍は，2007年に水産学シリーズ153号として

出版された『貝毒研究の最先端－現状と展望』である．当時，貝毒の機器分析法や簡易測定法が開発され，研究分野では利用されていたが，貝毒のリスク管理で利用するための行政的な根拠はなかった．しかし，上述した厚生労働省の下痢性貝毒公定法の改正，農林水産省の貝毒リスク管理措置の改正により，貝毒の機器分析法や簡易測定法を貝毒のリスク管理で利用することが正式に認められた．こうした中で，新しい通知およびガイドラインに基づく，新しい検査法を導入した貝毒のリスク管理の考え方を学ぶことができる成書が必要となっている．

　本書は，国際的に監視対象となっている貝毒の最新の知見と主要な分析法，また，国内における貝毒（麻痺性貝毒，下痢性貝毒）の発生状況，農林水産省が発出した「二枚貝等の貝毒リスク管理に関するガイドライン」の解説，また，ガイドラインの考え方に基づく貝毒のリスク管理について，国内の第一線で活躍している行政官，研究者により取りまとめられたものである．また，貝毒の非動物検査法による検査において必要不可欠となる貝毒標準物質の製造技術や濃度確定法，さらに使用法などについても，水産分野の書籍として初めて詳細に解説している．農林水産省が発出した「二枚貝等の貝毒リスク管理に関するガイドライン」に基づき貝毒のリスク管理を実施することになる行政担当者や試験研究者にとって必読の書となることを願って取りまとめた．さらに，貝毒原因プランクトンや貝毒の基礎について学ぼうとする大学生や大学院生にとっても最新の知見を学ぶ上で最良の書となればと願っている．本書が貝毒被害の防止のために，また，貝毒学習者に少しでも貢献できれば望外の喜びである．

2017 年 7 月

鈴木敏之
神山孝史
大島泰克

貝　毒－新たな貝毒リスク管理措置ガイドラインとその導入に向けた研究
目次

　　まえがき……………………………………（鈴木敏之・神山孝史・大島泰克）

1章　貝毒原因プランクトンによる二枚貝の毒化と監視体制
………………………………………………………（鈴木敏之）…………9

　§1．貝毒とは（9）　§2．国際的に監視対象となっている主要な貝毒（10）　§3．貝毒の監視体制（22）

2章　新たな貝毒リスク管理ガイドラインについて
………………………………………（飯岡真子）…………27

　§1．貝毒をめぐる動き（28）　§2．生産段階における貝毒のリスク管理（30）

3章　貝毒の検査法
………………………………………（鈴木敏之）…………36

　§1．食品の安全性検査で一般に利用される分析法（36）
　§2．貝毒検査で利用される分析法（43）

4章　簡易測定法などを用いた貝毒のスクリーニング例
………………（上野健一・島田小愛・高坂祐樹）…………58

　§1．蛍光HPLC法およびELISAを用いたホタテガイの麻痺性貝毒モニタリング（58）　§2．ELISAによる熊本県産二枚貝の麻痺性貝毒モニタリング（63）　§3．蛍光HPLC法によるホタテガイの下痢性貝毒モニタリング（68）

5章 貝毒標準物質の製造技術
　　　　　　　　………………（及川　寛・渡邊龍一・高津章子）…………73
　　§1．藻類の大量培養による標準物質原料の製造（74）
　　§2．貝毒標準物質の定量 NMR による濃度決定（80）
　　§3．認証標準物質：下痢性貝毒標準物質を例に（86）

6章 二枚貝の監視に影響する毒成分の動態
　　　　　　　　…………………（三上加奈子・松嶋良次）…………96
　　§1．ホタテガイの麻痺性貝毒減毒期における毒組成変化（96）
　　§2．ホタテガイにおける下痢性貝毒の部位別分布と個体差（102）

7章 わが国の二枚貝の毒化と貝毒原因プランクトンの海域による特徴
　　　　　　　　……………………………………（神山孝史）…………109
　　§1．わが国の貝毒の特徴（109）　§2．貝毒原因プランクトンの出現と生産毒の特徴（110）　§3．毒化が確認された二枚貝（115）　§4．原因種と二枚貝毒化の地域差（117）　§5．今後の貝毒監視に向けて（122）

8章 東北沿岸域の貝毒とその震災後における変化と傾向
　　　　　　　　……………………………（田邉　徹・加賀克昌）…………127
　　§1．震災後の宮城県沿岸における *Alexandrium* 属シストの分布とリスク評価（127）　§2．岩手県沿岸における二枚貝などの毒化の特徴（134）

9章 西日本における貝毒の特徴とモニタリングの実際
　　　　　　　……………（山本圭吾・藤原正嗣・小田新一郎）………140
　§1. 大阪府沿岸における麻痺性貝毒モニタリング（140）
　§2. 三重県沿岸における麻痺性貝毒の特徴（147）　§3. 広島県沿岸における麻痺性貝毒の消長について（151）

The new guideline for risk management measures for shellfish toxins and investigation on its implementation

Toshiyuki Suzuki, Takashi Kamiyama and Yasukatsu Oshima

Preface　　　　Toshiyuki Suzuki, Takashi Kamiyama and Yasukatsu Oshima

1. Contamination of bivalves with shellfish toxins by toxic phytoplankton and the monitoring system of shellfish toxins
   Toshiyuki Suzuki
2. The new guideline for risk management measures for shellfish toxins
   Mako Iioka
3. Analytical methods of shellfish toxins
   Toshiyuki Suzuki
4. Monitoring of shellfish toxins by rapid screening methods
   Ken-ichi Ueno, Koito Shimada and Yuuki Kosaka
5. Production of certified reference materials of shellfish toxins
   Hiroshi Oikawa, Ryuichi Watanabe and Akiko Takatsu
6. Kinetics of shellfish toxins affecting for bivalve monitoring
   Kanako Mikami and Ryoji Matsushima
7. Shellfish toxifications and characteristics of the causative phytoplankton in major bivalve production areas in Japan
   Takashi Kamiyama
8. Shellfish toxins in Tohoku coastal areas; its changes and trends after the Great East Japan Earthquake in 2011
   Toru Tanabe and Yoshimasa Kaga
9. Characteristics of shellfish toxins and implementation of monitoring in western Japan
   Keigo Yamamoto, Masatsugu Fujiwara and Shinichirou Oda

1章　貝毒原因プランクトンによる二枚貝の毒化と監視体制

鈴 木 敏 之[*1]

§1. 貝毒とは

　ホタテガイ，ムラサキイガイ，カキ，アサリなどの二枚貝は，海水中に浮遊するプランクトンなどを餌としている．プランクトンの中には，ヒトに危害をもたらす毒を有するものも存在する．二枚貝が餌として取り込んだプランクトンの中に有毒種が存在していると，その毒を体内に蓄積し，二枚貝は毒化する．毒化した二枚貝をヒトが喫食することにより「貝中毒」を発症する．この中毒の原因となる物質を，「貝毒」とよぶが，広義には二枚貝の毒化現象を「貝毒」と称することもある．こうした貝毒原因プランクトンが発生すれば，その海域のすべての二枚貝が毒化すると考えてよいが，二枚貝種により，毒に対する代謝や蓄積動態が異なるため，主要毒や毒化の程度については異なることが多い．毒は中腸腺に蓄積されるが，生殖腺，外套膜などから検出されることもある．二枚貝の他，ロブスター，カニ，セイヨウトコブシ，ホヤなども毒化し，食中毒の原因となる事例も報告されている．ロブスターやカニなどの甲殻類は，毒化した二枚貝を捕食して毒化する．

　本章では，国際的に監視対象となっている貝毒について，化学的性状，毒性，原因プランクトン，中毒事例などの概要をまとめている．わが国で問題となっている麻痺性貝毒と下痢性貝毒については，原因プランクトンの生物学的な側面や海域による特徴，二枚貝の毒化状況などが7章で詳細にまとめられているので，そちらも参照願いたい．

[*1] 国立研究開発法人水産研究・教育機構　中央水産研究所

§2. 国際的に監視対象となっている主要な貝毒

国際的な食品規格 Codex（コーデックス）[*2] による「活及び生鮮二枚貝の規格（CODEX STAN 292-2008）」で監視対象となっている貝毒は表1・1に示す5種類である．これらの貝毒は，食品中の基準値が Codex 規格により定められており，この基準値を超える毒を含む二枚貝は，食品として不適切とみなされる．

表1・1　Codex「活及び生鮮二枚貝の規格」（CODEX STAN 292-2008）で定められた貝毒の最大許容濃度

	最大許容濃度
サキシトキシン（STX）群	≦ 0.8 mg/kg サキシトキシン（2HCl）当量
オカダ酸（OA）群	≦ 0.16 mg/kg オカダ酸当量
ドウモイ酸（DA）群	≦ 20 mg/kg ドウモイ酸
ブレベトキシン（BTX）群	≦ 200 マウスユニット（MU/kg）または当量
アザスピロ酸（AZA）群	≦ 0.16 mg/kg

2・1　麻痺性貝毒：サキシトキシン群

1）化学的性状と毒性

北米や欧州では古くから知られている貝毒である．最初に構造が解明された毒成分はサキシトキシン（saxitoxin：STX）である（図1・1）．化学構造は1975年にX線結晶解析法で決定された[1]．その後，多数の類縁体が発見され，現在，30種類以上の類縁体が知られており，麻痺性貝毒と総称されている．いずれも水溶性である．中性・酸性溶液中では比較的安定であるが，塩基性条件下では極めて不安定で速やかに分解される．中性・酸性溶液中では，熱にも安定であり，通常の加熱調理では完全に分解されることはない．代表的なSTX群の化学構造を図1・1に示す．特徴的な構造は，陽イオンとなる2つのグアニジウム基と12位の飽水型ケトンである．成分によっては陰イオン性の硫酸エステルやN-スルホン基を有する．STX群は，生体膜上の電位依存性ナ

[*2] Codex（コーデックス）とは，食品の安全性と品質に関する国際規格．名称は食品規格を意味するラテン語 Codex Alimentarius に由来する．定期的に開催される国際食品規格委員会（Codex 委員会）によって実施・運営されており，各国の食品の基準は，この国際基準との調和を図るよう推奨されている．わが国では，厚生労働省や農林水産省などが協力してこの Codex 委員会に参加し，食品の国際基準の策定に貢献している．

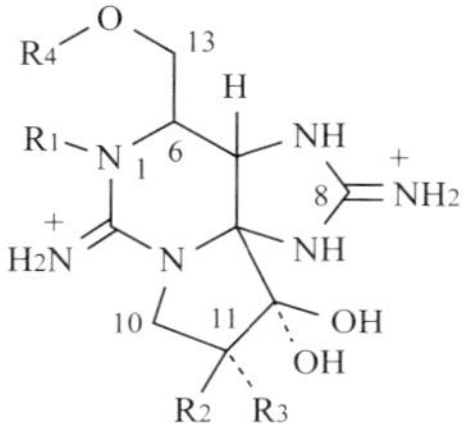

Toxins:	R_1	R_2	R_3	R_4	比毒性 (MU/μmol)
C1	H	H	OSO_3^-	$CONHSO_3^-$	15
C2	H	OSO_3^-	H	$CONHSO_3^-$	239
C3	OH	OSO_3^-	H	$CONHSO_3^-$	33
C4	OH	H	OSO_3^-	$CONHSO_3^-$	143
GTX1	OH	H	OSO_3^-	$CONH_2$	2468
GTX2	H	H	OSO_3^-	$CONH_2$	892
GTX3	H	OSO_3^-	H	$CONH_2$	1584
GTX4	OH	OSO_3^-	H	$CONH_2$	1803
GTX5	H	H	H	$CONHSO_3^-$	160
GTX6	OH	H	H	$CONHSO_3^-$	180
dcGTX2	H	H	OSO_3^-	H	1617
dcGTX3	H	OSO_3^-	H	H	1872
STX	H	H	H	$CONH_2$	2483
neoSTX	OH	H	H	$CONH_2$	2295
dcSTX	H	H	H	H	1274

図 1・1 サキシトキシン群の化学構造と比毒性*
 * 1 μmol の毒がマウスを殺す毒量（マウスユニット：MU）

トリウムチャネルに可逆的に作用し，ナトリウムイオンの流入を遮断することで毒性を発現する[2]．グアニジウム基を有することやナトリウムチャネルを阻害する作用などから，フグ毒テトロドトキシンに類似することが注目されてきた．STX に代表される 13 位カルバモイル毒（$R_4 = CONH_2$）はテトロドトキシンに匹敵する非常に強い毒力を示す．13 位の脱カルバモイル毒（$R_4 = H$）はカルバモイル毒と比較すると毒力は同程度か若干弱い．13 位に N-スルホカルバモイル基が結合した N-スルホカルバモイル毒（$R_4 = CONHSO_3^-$）は毒力が非常に弱い．N-スルホカルバモイル基がナトリウムチャネルとの親和性を阻害することが，弱い毒性に結びついていると推定されている．

STX 群を生産する有毒渦鞭毛藻類や蓄積する海洋生物内での変換や分解などに関する知見を示す（図 1・2）[3]．13 位側鎖への硫酸基の付加には，渦鞭毛藻酵素[4]が関与しており，脱離にはバカガイやサラガイの二枚貝酵素[5,6]が関与している．N-スルホカルバモイル基は化学的に不安定であるため，強酸性下（pH 2 以下）でカルバモイル毒群に，中性 pH で脱カルバモイル毒群に変換される[3]．11 位硫酸エステル基の還元的脱離[7]や N1 位水酸基の還元も二枚

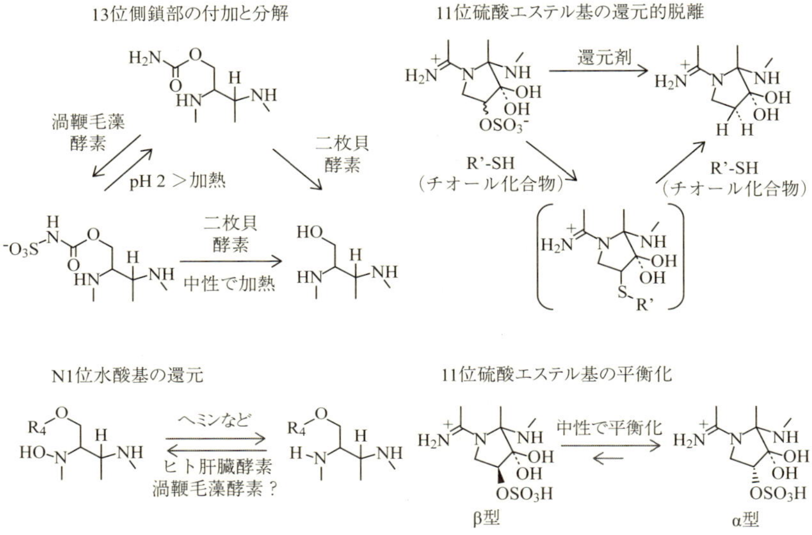

図 1・2　海洋生物体内で起きるサキシトキシン群の変換

貝体内で進行しているものと思われる．11位硫酸エステル基の異性化は，化学的に進行する平衡化反応である．貝毒原因プランクトンではβ型が酵素により優先的に合成されるためα型よりも多いが，二枚貝体内に移行するとより化学的に安定なα型が増加し，最終的にα：β型の平衡点である3：1程度の比率となることが認められている[8]．こうした様々な反応により，原因プランクトンと二枚貝の毒組成は異なることが多い．

2）貝毒原因プランクトン

STX群は *Alexandrium* 属や *Gymnodinium* 属の有毒渦鞭毛藻により生産される．わが国で二枚貝の毒化原因となることが確認されている種は，*Alexandrium tamarense*, *Alexandrium catenella*, *Alexandrium tamiyavanichii*, *Gymnodinium catenatum* の4種である．主要な毒はC1, 2とgonyautoxin（GTX）1, 2, 3, 4であるが，一部の海域の *G. catenatum* はGTX5, 6を主要毒として有する．フィリピンなど熱帯地方では，*Pyrodinium bahamense* var. *compressa* が二枚貝毒化原因となっている．

3）中毒症状と中毒事例

中毒症状はフグ中毒と似ており，死亡率が高い神経性の症状を起こす．通常食後30分程度で唇，舌，顔面のしびれに始まり，しびれおよび麻痺が首，腕，四肢に広がる．頭痛，嘔吐，運動失調，言語障害，浮遊感を示すことがあり，重篤となると呼吸麻痺で死亡する．回復すれば後遺症はない．ヒトの経口摂取では，一人当たり144～1660 μg STX当量では軽症，456～12400 μg STX当量では致死的中毒が起こると報告されている[2]．STX群は最も古くから知られている貝毒であり，古くは1790年にロシアの探検隊がアラスカでイガイを食べて約100名が死亡した事例が記録されている．二枚貝の毒化や中毒事例もアメリカ大陸東西海岸，ヨーロッパの冷温水域，中国，台湾，韓国，香港，フィリピン，メキシコ，チリ，アルゼンチン，オーストラリア，ニュージーランド，南アフリカなどほぼ世界中で確認されている．わが国では1948年に愛知県豊橋市でアサリにより12名の患者が報告されて以来，これまでに約20件170名以上（うち死亡4名）の患者が記録されている．かつては北海道や東北沿岸域の二枚貝が主に毒化していたが，1990年代以降，全国に広がりを見せている．わが国では，二枚貝の貝毒監視体制が全国的に整備されているため，流通した二枚貝による食中毒事例は極めて稀であるが，最も警戒を要する貝毒である．

2・2　下痢性貝毒：オカダ酸群

1）化学的性状と毒性

オカダ酸（okadaic acid：OA）群は多数のエーテル結合を分子内に有するポリエーテル化合物で脂溶性毒である[9, 10]．この群にはジノフィシストキシン（dinophysistoxin：DTX）類も含まれ，12成分を超える類縁体が報告されている（図1・3）．OAとDTX1が代表的な毒で強力な下痢原性を有する[11]．また，DTX2やDTX3にも下痢原性が確認されており[12]，これらが一般に下痢性貝毒と呼ばれる毒である．これらの毒はメタノール，アセトン，クロロホルム，ジクロロメタンのような有機溶媒に高い溶解性を示す．OA群は，セリン／スレオニンプロテインフォスファターゼ（serine/threonine protein phosphatase 1 and 2A：PP1，PP2A）に結合し，酵素作用を阻害する[13]．PP2AおよびPP1の阻害により，リン酸化タンパク質が過剰に蓄積され，細胞の調節機能に支障を

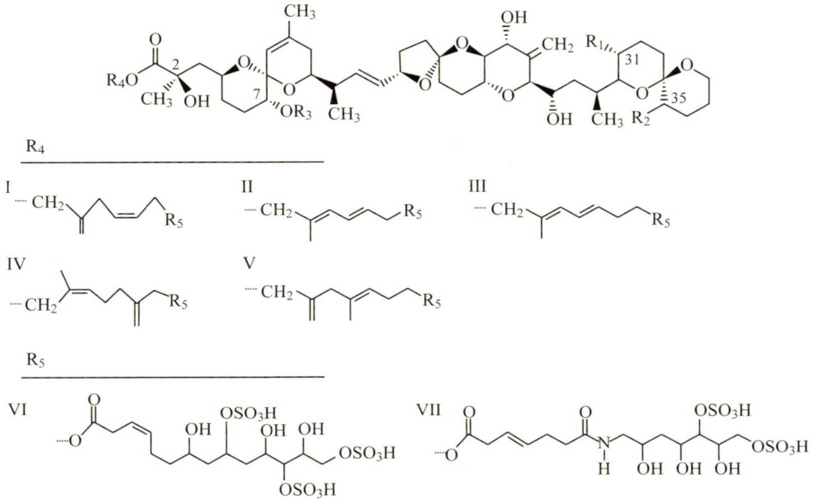

	R₁	R₂	R₃	R₄	R₅
OA	CH₃	H	H	H	-
DTX1	CH₃	CH₃(R)	H	H	-
DTX2	H	CH₃(S)	H	H	-
DTX3	(H or CH₃)		Acyl	H	-
OA-D7a	CH₃	H	H	I	OH
OA-D7b	CH₃	H	H	II	OH
OA-D8	CH₃	H	H	III	OH
OA-D9a	CH₃	H	H	IV	OH
OA-D9b	CH₃	H	H	V	OH
DTX4	CH₃	H	H	III	VI
DTX5a	CH₃	H	H	II	VII
DTX5b	CH₃	H	H	III	VII

図 1・3　オカダ酸群の化学構造

きたし，このことが OA 群の毒性に関与していると考えられている．また，T84 細胞および Caco2 細胞の単層培養細胞シートを用いた実験では，OA 群により腸管における細胞間隙を介する傍細胞経路の透過性が増加することが示されており，OA 群の下痢原性にはこの機構が関与すると推定されている[14]．さらに，OA 群には発ガン促進作用があることも知られている[15]．一方，OA 群

のマウスに対する経口投与による病理学的観察では，小腸における液体の貯留，粘膜固有層の損傷が観察される[11]．

7位水酸基に脂肪酸がエステル結合した化合物は貝毒原因プランクトンが生産するOA，DTX1，DTX2を前駆体とする二枚貝の代謝物であり[16]，DTX3と総称される．DTX3に結合している主要脂肪酸はパルミチン酸（16：0），ミリスチン酸（14：0），パルミトレイン酸（16：1）などであるが，その他の脂肪酸エステルも二枚貝から検出される[17]．DTX3の極性はOAやDTX1と比較してさらに低く，含水メタノール／ヘキサンによる液／液分配では，OAやDTX1が含水メタノール層に分配されるのに対して，DTX3群の多くはヘキサン層に分配される．この他，一部の貝毒原因プランクトン種からは，1位カルボキシル基に様々なジオールが結合したOAジオールエステル群も検出される[18-20]．DTX3やOAジオールエステルはアルカリ加熱条件下でDTX1やOAに加水分解される（図1・4）．

2）貝毒原因プランクトン

有毒渦鞭毛藻 *Dinophysis fortii*，*Dinophysis acuminata*，*Dinophysis acuta*，

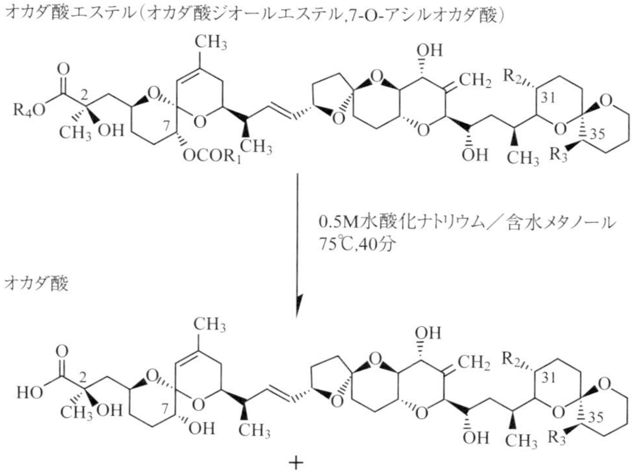

図1・4　オカダ酸群のアルカリ加水分解

Dinophysis norvegica など世界各地の *Dinophysis* 属から OA, DTX1, DTX2 が主要毒として検出されており[21-23], 二枚貝毒化原因種として特定されている. また, 稀ではあるが, カニなどの捕食者が毒化した二枚貝を摂食することにより毒化することもある[24]. 海底の砂地や海藻に付着して増殖する底生渦鞭毛藻 *Prorocentrum lima* なども OA 群を生産するが[18,19], 二枚貝の毒化との関係は明らかにされていない.

3) 中毒症状と中毒事例

毒化した二枚貝をヒトが摂取すると下痢 (92%), 吐き気 (80%), 嘔吐 (79%), 腹痛 (53%) などを発症する[25]. 通常, 発熱はみられず, 腹痛も腸炎ビブリオ中毒よりも軽度である. 喫食から発症までの時間は短く, 70%の患者が4時間以内に発症している. 安静にしていれば2, 3日で回復し, 死亡事例や後遺症はない. ヒトの最低発症量は 12 マウスユニット (MU) と推定されており, 下痢原性のある OA と DTX1 に換算すると, それぞれ 48, 38 μg となる. MU とは, マウス毒性試験における致死毒性で, 下痢性貝毒では体重 16～20 g のマウスを 24 時間で死亡させる毒量を 1 MU と定義している. 一方, エステル型の毒である DTX3 や OA ジオールエステルは PP2A に対する阻害作用が極めて低い. また, マウス腹腔内投与毒性も OA や DTX1 と比較して弱い. しかし, DTX3 により汚染された食品による下痢性中毒事例も複数報告されており[26-28], 中毒患者の便からは DTX1 のみが検出されたことから, DTX3 は喫食後, 加水分解され遊離毒となる可能性が指摘されている[29]. こうした事例により, エステル毒のヒトに対する中毒リスクは, OA や DTX1 など遊離毒と比較して同等と評価することが妥当と考えられている.

OA 群による中毒は, 1976 年と 1977 年に東北地方沿岸でムラサキイガイの喫食により発生した事例が最初であり, 下痢性貝毒による中毒として世界で最初に報告された[25]. わが国の下痢性貝中毒事例として, 1976 年 6 月から 1983 年 8 月まで, 1135 名の患者が報告されている[30]. 中毒原因となった主な二枚貝は, ホタテガイ, ムラサキイガイ, コタマガイであるが, イガイやアサリによる中毒事例も報告されている. 1972 年から 1984 年までの統計によると, 動物性自然毒中毒の原因食品別発生状況では, フグ中毒以外の上位 3 位はホタテガイ, コタマガイ, ムラサキイガイであり, いずれも下痢性貝毒によるもの

である[30]．1978 年に発出された「ホタテガイ等の貝毒について」（水産庁長官通達），「貝類による食中毒の防止について」（旧厚生省環境衛生局乳肉衛生課長通知）などの行政措置により，貝毒監視・検査体制が整備され，近年，市場に流通した二枚貝による下痢性貝毒による中毒はほとんど報告されていない．1989 年から 22 年の間に国内で発生した下痢性貝毒中毒事例は 3 件のみであり，合計 7 名の患者が報告されているに過ぎない[31]．一方，海外では，スペイン，フランス，ノルウェーなどヨーロッパ大西洋岸を中心にムラサキイガイによる食中毒が発生し，数千名を超える中毒患者が報告されている．チリ，オーストラリア，ニュージーランドなど南半球でも二枚貝の毒化が認められ，世界的な問題となっている．ノルウェーではカニによる数百人規模の食中毒が発生している[24]．

2・3　記憶喪失性貝毒：ドウモイ酸群
1）化学的性状と毒性

紅藻ハナヤナギから駆虫成分として単離・構造決定されたアミノ酸であるドウモイ酸（domoic acid：DA）[32]は，1987 年にカナダで発生した食中毒事件の原因物質として特定され，貝毒として知られるようになった[33]．水溶性であるが，含水アルコールにも溶解する．類縁体として，紅藻マクリから発見され駆虫成分として利用されたカイニン酸（KA）がある．DA にはイソドウモイ酸 A 〜 H などの多数の異性体が存在するが（図 1・5），二枚貝から検出される主要毒は DA である．多くの異性体は，紫外線照射や加熱処理によって生じた成分と推察されている．DA や KA は神経伝達物質の興奮性アミノ酸であり，大脳のグルタミン酸受容体のカイニン酸型に作用する．DA はこの作用において KA よりも 2 〜 3 倍強力で，グルタミン酸よりも数十倍強力であることが知られている[2]．DA が脳に進入した場合，海馬，視床，扁桃体細胞のグルタミン酸受容体に結合し，カルシウムイオンが細胞内へ大量に流入し細胞死が起こり，記憶喪失を発症すると考えられている．

2）貝毒原因プランクトン

羽状目珪藻 *Pseudo-nitzschia* 属の 10 種以上が DA を生産することが確認されており，二枚貝毒化原因種となる．そのうち，DA が高レベルで検出される種は *Pseudo-nitzschia multiseries*，*Pseudo-nitzschia australis*，*Pseudo-nitzschia*

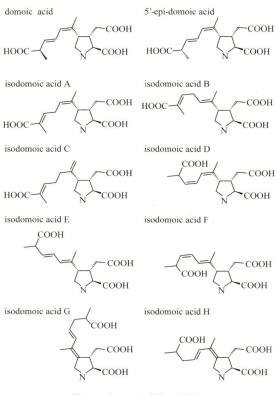

図 1・5　ドウモイ酸群の化学構造

seriata である[34]。

3) 中毒症状と中毒事例

ヒトの経口毒性は，60〜110 mg で発症し，135〜295 mg で重篤となると推測されている[35]。症状は，食後 3〜6 時間内に嘔吐，腹痛，下痢の初期症状が起こり，意識の混沌，見当識喪失，記憶喪失がみられる。高齢者に重症者が多く，重症者にみられる記憶喪失が特徴的な症状である。1987 年の 11 月から 12 月にかけて，カナダ大西洋岸のプリンス・エドワード島東部で養殖ムラサキイガイにより 145 名が中毒症状を訴え，107 名が記憶喪失性貝中毒と診断された[36]。3 名が死亡，一部の患者に記憶障害などの後遺症が残った。重篤患者

は12名おり，この中で65歳以上の患者は8名であった．1990年にはアメリカのオレゴン州でマテガイなどの二枚貝やイワシ類が毒化し，これらを食べたペリカンが大量に死亡している．1991年には，ワシントン州の沿岸域でDAにより汚染されたマテガイの喫食により，記憶喪失性貝中毒様の患者が発生している[35]．わが国では一部の海域で二枚貝からDAが検出されるが毒量は極めて低く[37]，ヒトの中毒事例は報告されていない．

2・4 神経性貝毒：ブレベトキシン群

1）化学的性状と毒性

アメリカのフロリダでは，渦鞭毛藻による赤潮が発生した海域の二枚貝を喫食したことにより，食中毒被害が起きることが古くから知られており，渦鞭毛藻の毒との関連が指摘されてきた．また，中毒症状から神経性貝毒と呼ばれていたが，原因物質の特定には至っていなかった．ニュージーランドで発生した食中毒で原因となった二枚貝からブレベトキシン（brevetoxin：BTX）類縁体が発見されたことにより[38, 39]，BTXが神経性貝中毒の原因毒として確定された．10種類以上の類縁体が報告されているが，基本骨格によりBTX A型とBTX B型に大別される（図1・6）．これらはともにメタノールなどの有機溶媒に溶解性を示す脂溶性である．下痢性貝毒OA群やシガテラ魚毒と同じくエーテル環がハシゴ状に連なった特異な構造をもち，このような構造が明らかになった初めての天然化合物である．また，魚類の大量斃死をもたらす魚毒として特定された化合物として有名である[40, 41]．患者の神経性症状は，毒がナトリウムチャンネルに選択的に吸着し，細胞内へのナトリウムイオンの流入を活性化させるために発現する．ナトリウムイオンの流入を阻害する麻痺性貝毒やフグ毒テトロドトキシンとは逆の作用をする．二枚貝はBTXをBTX B1[38]，BTX B2[39]などに代謝して蓄積する．魚毒性では，BTX AとBTX Bのゼブラフィッシュに対する最小致死濃度はそれぞれ3, 16 ppbであり，BTX Aが最も強い．

2）貝毒原因プランクトン

BTX B[40]，BTX A[41]がアメリカで分離培養された渦鞭毛藻 *Karenia brevis*（旧 *Gymnodinium breve*）から発見され，強力な魚毒成分として注目されてきた．*K. brevis* はBTX A，BTX Bを含め，少なくとも9種類のBTXを生産するこ

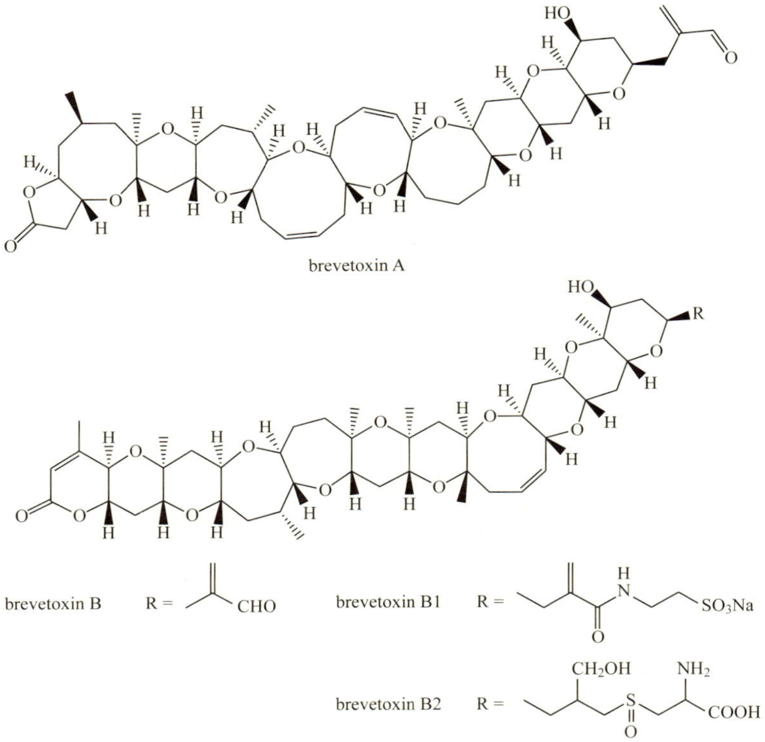

図 1・6　ブレベトキシン群の化学構造

とが確認されている．ニュージーランドにおける BTX の生産種は未だに明らかにされていない．

3) 中毒症状と中毒事例

　主症状は四肢，顔面の痺れ，掻よう感，知覚異常，冷温感覚の逆転など感覚系神経症状，倦怠感，頭痛，筋肉痛などの全身性中枢神経症状である．また，吐き気，腹痛，下痢，嘔吐などの消化器系症状を伴うこともある．冷温感覚の逆転などの症状はシガテラ魚中毒と類似するが，シガテラ魚中毒が回復に長期間要するのに対して，通常 1～2 日で回復する．ヒトの死亡事例はない．*K. brevis* の赤潮が発生した際に海風が強い気象条件と重なると，毒が飛沫に含ま

れエアロゾルとして運ばれ，呼吸器障害などヒトへの健康被害が起こることも報告されている．

　メキシコ湾を中心に，有毒渦鞭毛藻 *K. brevis* の赤潮により魚類や多くの海洋生物が斃死することは古くから知られていた．1962 年，フロリダ州沖で赤潮に汚染された二枚貝により神経症状を主とする食中毒が発生している[42]．神経性貝中毒と呼ばれるこの中毒は，麻痺性貝中毒に次いで古くから知られている．1992 年にはニュージーランド北島の北東岸を中心に 280 名を超える中毒患者が発生している[43]．また，1996 年にはフロリダ半島西岸において，*K. brevis* の赤潮により希少生物として保護されているマナティー 149 頭が死亡する事件が発生している[44]．わが国では二枚貝から BTX 群が検出された事例はなく，ヒトの中毒事例も報告されていない．

2・5　アザスピロ酸
1) 化学的性状と毒性

　アザスピロ酸（azaspiracid：AZA）群は，多数のエーテル結合を分子内に有するポリエーテル化合物であり（図 1・7），メタノール，アセトン，クロロホルム，ジクロロメタンのような有機溶媒に溶解性を示す．AZA1，AZA2，AZA3 が主要毒であるが[45, 46]，これらの他に 35 種類以上の類縁体が報告されている．AZA のマウスに対する経口投与による病理学的観察では，小腸における液体の貯留，粘膜固有層の損傷など下痢性貝毒 OA・DTX 群と同様の症

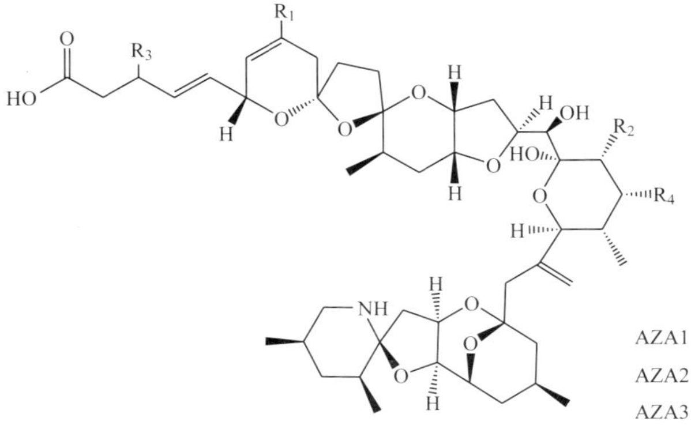

	R_1	R_2	R_3	R_4
AZA1	H	CH_3	H	H
AZA2	CH_3	CH_3	H	H
AZA3	H	H	H	H

図 1・7　アザスピロ酸群の化学構造

状が観察される．さらに，肝臓の脂肪化，リンパ球の壊死などAZA特有の症状も観察される[47,48]．OA群とは異なり，プロテインフォスファターゼに対する阻害作用はない．

2) 貝毒原因プランクトン

*Azadinium spinosum*など新種の小型渦鞭毛藻類がAZAを生産することが確認され，二枚貝毒化原因種であることが明らかにされている[49]．

3) 中毒症状と中毒事例

中毒主症状は，下痢，腹痛，嘔吐など消化器系症状で，下痢性貝中毒と似ている．ヒトの死亡事例はない．ヒトに対する最小作用量は23〜86 μgと推定されている[50]．1995年にオランダでアイルランド北西岸産ムラサキイガイを原因とする食中毒が発生し，少なくとも8名の患者が確認されている[45]．1997年にはアイルランドでもムラサキイガイを原因とする中毒事例が報告されている[51]．少なくとも20〜40人が中毒原因ムラサキイガイを喫食し，8名が発症して治療を受け，回復するまでに2〜5日を要したことが報告されている．このときのAZA群の毒量は可食部当たり6 μg/gと報告されている．1998年には，アイルランド産ムラサキイガイを原因とする食中毒がイタリアで発生し，10名が中毒症状を発症した[51]．また，同年，アイルランド産ムラサキイガイを原因とする中毒がフランスでも発生し，20〜30名が中毒症状を呈した[51]．このときの二枚貝のAZA含量は1.5 μg/gであった．2000年にはアイルランド産の凍結調理ムラサキイガイを原因とする中毒事例がイギリスでも報告され，12〜16名が発症している[51]．2008年にもフランスとアメリカでアイルランド産ムラサキイガイによる中毒事例が発生している．フランスでは多数の中毒患者が，アメリカでは2名の患者が報告されている[51]．

§3. 貝毒の監視体制

わが国では，貝毒による食中毒を防ぐために，二枚貝生産海域から流通に至る段階的な監視体制が整備されている（図1・8）．監視の対象となっている貝毒は麻痺性貝毒と下痢性貝毒である．生産海域においては，都道府県の水産関係試験研究機関により貝毒原因プランクトンの監視が行われている．主な監視対象種は，麻痺性貝毒生産種では*Alexandrium*属と*Gymnodinium*属の有毒種，

下痢性貝毒生産種ではDinophysis属の有毒種である．これらのプランクトンの監視は，生産海域における二枚貝の毒化を事前に予知し，二枚貝の監視を強化するうえで重要な情報となっており，これらの出現情報は，水産サイドの試験研究機関や行政部局により公表され，二枚貝生産者に直接伝えられることもある．一方，定期的な二枚貝の貝毒検査により，規制値を超える毒力が検出された二枚貝については，生産者による出荷自主規制措置が講じられる．原則として，3週連続で規制値を下回った場合に限り，二枚貝の出荷が再開されるが，二枚貝種により，自主規制期間が短くなる場合もある．出荷前の自主検査については，農林水産省の通知により，以前は公定法であるマウス毒性試験による検査が必要であったが，2015年以降，農林水産省の新ガイドライン「二枚貝等の貝毒リスク管理に関するガイドライン」が制定され，機器分析法や簡易測定法を含めた様々な手法を用いることが認められている．市場に流通した二枚貝については，食品衛生法の下で公定法による監視が行われている．

生産海域（二枚貝の毒化予察）

・有毒プランクトンの監視
Alexandrium 属
Gymnodinium 属
Dinophysis 属

生産海域（二枚貝の監視）

農林水産省
「二枚貝等の貝毒リスク管理に関するガイドライン」
・妥当性が確認された手法による二枚貝の検査
・規制値を超える毒力の二枚貝は出荷自主規制
・原則として3週連続規制値を下回った場合に再出荷

流通

・食品衛生法に基づく監視

図 1・8　二枚貝の貝毒監視体制

文　献

1) Schantz EJ, Ghazarossian VE, Schnoes HK, Strong FM, Springer JP, Pezzanite JO, Clardy J. The structure of saxitoxin. *J. Am. Chem. Soc.* 1975; 97: 1238-1239.
2) FAO．*Marine Biotoxins*．FAO 2004．
3) Oshima Y. Chemical aznd enzymatic transformation of paralytic shellfish toxins in marine organisms. In: Lassis P, Arzul G, Erard E, Gentien P, Marcaillou C (eds)．*Harmful Marine Algal Blooms*. Lavoisier Publ. 1995; 475-480.
4) Sako Y, Yoshida T, Uchida A, Arakawa O,

Noguchi T, Ishida Y. Purification and characterization of a sulfotransferase specific to N-21 of saxitoxin and gonyautoxin 2+3 from the toxic dinoflagellate *Gymnodinium catenatum* (Dinophyceae). *J. Phycol.* 2001; 37: 1044-1051.
5) Lin HP, Cho Y, Yashiro H, Yamada T, Oshima Y. Purification and characterization of paralytic shellfish toxin transforming enzyme from *Mactra chinensis*. *Toxicon* 2004; 44: 657-668.
6) Cho Y, Ogawa N, Takahashi M, Lin HP, Oshima Y. Purification and characterization of paralytic shellfish toxin-transforming enzyme, sulfocarbamoylase I, from the Japanese bivalve *Peronidia venulosa*. *Biochim. Biophys. Acta.* 2008; 1784: 1277-1285.
7) Sato S, Sakai R, Kodama M. Identification of thioether intermediates in the reductive transformation of gonyautoxins into saxitoxins by thiols. *Bioorg. Med. Chem. Lett.* 2000; 10: 1787-1789.
8) Oshima Y, Sugino K, Itakura H, Hirota M, Yasumoto T. Comparative studies on paralytic shellfish toxin profile of dinoflagellates and bivalves. In: Granèli E, Sundstrom B, Edler L, Anderson D (eds). *Toxic Marine Phytoplankton*. Elsevier. 1990; 391-396.
9) Yasumoto T, Murata M, Oshima Y, Sano M, Matsumoto GK, Clardy J. Diarrhetic shellfish toxins. *Tetrahedron* 1985; 41: 1019-1025.
10) Yasumoto T, Murata M. Marine toxins. *Chem. Rev.* 1993; 93: 1897-1909.
11) Terao K, Ito E, Yanagi T, Yasumoto T. Histopathological studies on experimental marine toxin poisoning. I. Ultrastructural changes in the small intestine and liver of suckling mice induced by dinophysistoxin-1 and pectenotoxin-1. *Toxicon* 1986; 24: 1141-1151.
12) EFSA. Marine biotoxins in shellfish – okadaic acid and analogues. scientific opinion of the panel on contaminants in the food chain. *EFSA Journal* 2008; 589: 1-62.

13) Bialojan C, Takai A. Inhibitory effect of a marine-sponge toxin, okadaic acid, on protein phosphatases. *Biochem. J.* 1998; 256: 283-290.
14) Tripuraneni J, Koutsouris A, Pestic L, De Lanerolle P, Hecht G. The toxin of diarrheic shellfish poisoning, okadaic acid, increases intestinal epithelial paracellular permeability. *Gastroenterology* 1997; 112: 100-108.
15) Fujiki H, Suganuma M, Suguri H, Yoshizawa S, Takagi K, Uda N, Wakamatsu K, Yamada K, Murata M, Yasumoto T, Sugimura T. Diarrhetic shellfish toxin, dinophysistoxin-1, is a potent tumor promoter on mouse skin. *Gan (Jpn. J. Cancer Res.)* 1988; 79: 1089-1093.
16) Suzuki T, Ota H, Yamasaki M. Direct evidence of transformation of dinophysistoxin-1 to 7-O-acyl-dinophysistoxin-1 (dinophysistoxin-3) in the scallop *Patinopecten yessoensis*. *Toxicon* 1998; 37: 187-198.
17) Suzuki T, Kamiyama T, Okumura Y, Ishihama K, Matsushima R, Kaneniwa M. Liquid-chromatographic hybrid triple–quadrupole linear-ion-trap MS/MS analysis of fatty-acid esters of dinophysistoxin-1 in bivalves and toxic dinoflagellates in Japan. *Fish. Sci.* 2009; 75: 1039-1048.
18) Yasumoto T, Seino N, Murakami Y, Murata M. Toxins produced by benthic dinoflagellates. *Biol. Bull.* 1987; 172 128-131.
19) Hu T, Marr J, de Freitas ASW, Quilliam MA, Walter JA, Wright JLC, Pleasance S. New diol esters isolated from cultures of the dinoflagellates *Prorocentrum lima* and *Prorocentrum concavum*. *J. Natural Products* 1992; 55: 1631-1637.
20) Suzuki T, Beuzenberg V, Mackenzie L, Quilliam MA. Discovery of okadaic acid esters in the toxic dinoflagellate *Dinophysis acuta* from New Zealand using liquid chromatography/tandem mass spectrometry. *Rapid. Commu. Mass Spectrom.* 2004; 18: 1131-1138.
21) Lee JS, Igarashi T, Fraga S, Dahl E, Hovgaard

P, Yasumoto T. Determination of diarrhetic shellfish toxins in various dinoflagellate species. *J. Appl. Phycol.* 1989; 1: 147-152.

22) Reguera B, Pizarro G. Planktonic dinoflagellates which contain polyether toxins of the old "DSP complex". In: Botana LM (ed.). *Seafood and Freshwater Toxins. Pharmacology, Physiology, and Detection.* CRC Press. 2008; 257-284.

23) Suzuki T, Miyazono A, Baba K, Sugawara R, Kamiyama T. LC-MS/MS analysis of okadaic acid analogues and other lipophilic toxins in single-cell isolates of several *Dinophysis* species collected in Hokkaido, Japan. *Harmful Algae* 2009; 8: 233-238.

24) Torgersen T, Aasen J, Aune T. Diarrhetic shellfish poisoning by okadaic acid esters from Brown crabs (*Cancer pagurus*) in Norway. *Toxicon* 2005; 46: 572-578.

25) Yasumoto T, Oshima Y, Yamaguchi M. Occurrence of a new type of shellfish poisoning in the Tohoku district. 日水誌 1978; 44: 1249-1255.

26) 野々村文雄, 岩田好博, 中屋謙一, 杉谷哲, 山田不二造, 近藤和久, 円田辰吉, 臼井宗一, 井上睦. 岐阜県で発生した下痢性貝毒による食中毒事例. 食衛誌 1983; 24: 573-578.

27) Vale P, Sampayo MAdeM. Esters of okadaic acid and dinophysistoxin-2 in Portuguese bivalves related to human poisonings. *Toxicon* 1999; 37: 1109-1121.

28) Vale P, Sampayo MAdeM. First confirmation of human diarrhoeic poisonings by okadaic acid esters after ingestion of razor clams (*Solen marginatus*) and green crabs (*Carcinus maenas*) in Aveiro lagoon, Portugal and detection of okadaic acid esters in phytoplankton. *Toxicon* 2002; 40: 989-996.

29) García C, Truan D, Lagos M, Santelices JP, Díaz JC, Lagos N. Metabolic transformation of dinophysistoxin-3 into dinophysistoxin-1 causes human intoxication by consumption of O-acyl-derivatives dinophysistoxins contaminated shellfish. *J. Toxicol. Sci.* 2005; 30: 287-296.

30) 山中英明. 魚介類の自然毒による食中毒の現状. 食衛誌 1986; 27: 343-353.

31) 登田美桜, 畝山智香子, 豊福肇, 森川馨. わが国における自然毒による食中毒事例の傾向（平成元年〜22年）. 食衛誌 2012; 53, 105-120.

32) 竹本常松, 醍醐晧二, 近藤嘉和. ハナヤナギの成分研究（第8報）Domoic acid の構造論　その1. 薬学雑誌 1966; 86: 874-877.

33) Wright JLC, Boyd RK, de Freitas ASW, Falk M, Foxall RA, Jamieson WD, Laycock MV, McCulloch AW, McInnes AG, Odense P, Pathak VP, Quilliam MA, Ragan MA, Sim PG, Thibault P, Walter JA, Gilgan M, Richard DJA, Dewar D. Identification of domoic acid, a neuroexcitatory amino acid, in toxic mussels from eastern Prince Edward Island. *Can. J. Chem.* 1989; 67: 481-490.

34) Lelong A, Hegaret H, Soudant P, Bates SS. *Pseudo-nitzschia* (Bacillariophycaeae) species, domoic acid and amnesic shellfish poisoning: revisiting previous paradigms. *Phycologia* 2012; 51: 168-216.

35) Todd ECD. Domoic acid and amnesic shellfish poisoning- A review. *J. Food Protection* 1993; 56: 69-83.

36) Perl TM, Bedard L, Kosatsky T, Hockin JC, Todd EC, Remis RS. An outbreak of toxic encephalopathy caused by eating mussels contaminated with domoic acid. *N. Engl. J. Med.* 1990; 322: 1775-1780.

37) 橋本多美子, 西堀尚良, 西尾幸郎. 徳島県沿岸に生息する1992年産ムラサキイガイからドウモイ酸の検出. 四国大学紀要 1997; 7: 67-70.

38) Ishida H, Nozawa A, Totoribe K, Muramatsu N, Nukaya H, Tsuji K, Yamaguchi K, Yasumoto T, Kaspar H, Berkett N, Kosuge T. Brevetoxin B1, a new polyether marine toxin

from the New Zealand shellfish, *Austrovenus stutchburyi*. *Tetrahedron Letters* 1995; 36: 725-728.

39) Murata K, Satake M, Naoki H, Kaspar HF, Yasumoto T. Isolation and structure of a new brevetoxin analogue, brevetoxin B2, from greenshell mussels from New Zealand. *Tetrahedron* 1998; 54: 735-742.

40) Lin YY, Risk M, Ray SM, Engen DV, Clardy J, Golik J, James JC, Nakanishi K. Isolation and structure of brevetoxin B from the "red tide" dinoflagellate *Ptychodiscus brevis* (*Gymnodinium breve*). *J. Am. Chem. Soc.* 1981; 103: 6773-6775.

41) Shimizu Y, Chou HN, Bando H, Duyne GV, Clardy J. Structure of brevetoxin A (GB-1 toxin), the most potent toxin in the Florida red tide organism *Gymnodinium breve* (*Ptychodiscus brevis*). *J. Am. Chem. Soc.* 1986; 108: 514-515.

42) McFarren EF, Tanabe H, Silva FJ, Wilson WB, Campbell JE, Lewis KH. The occurrence of a ciguatera-like poison in oysters, clams and *Gymnodinium breve* cultures. *Toxicon* 1965; 3: 111-123.

43) Bates M, Baker M, Willson N, Lane L, Handford A. Marine toxins and New Zealand shellfish. In: Jasperse JA (ed.) *Proceedings of a Workshop on Research Issue*. Royal Society of New Zealand. 1993; 35-40.

44) Bossart GD, Baden DG, Ewing RY, Roberts B, Wright SD. Brevetoxicosis in manatees (*Trichechus manatus latirostris*) from the 1996 epizootic: Gross, histologic and immunohistochemical features. *Toxicol. Pathol.* 1998; 26 276-282.

45) Satake M, Ofuji K, Naoki H, James KJ, Furey A, McMahon T, Silke J, Yasumoto T. Azaspiracid, a new marine toxin having unique spiro ring assemblies, isolated from Irish mussels, *Mytilus edulis*. *J. Am. Chem. Soc.* 1998; 120: 9967-9968.

46) Ofuji K, Satake M, McMahon T, Silke J, James KJ, Naoki H, Oshima Y, Yasumoto T. Two analogues of azaspiracid isolated from mussels, *Mytilus edulis*, involved in human intoxication in Ireland. *Nat. Toxins* 1999; 7: 99-102.

47) Ito E, Satake M, Ofuji K, Kurita N, McMahon T, James K, Yasumoto T. Multiple organ damage caused by a new toxin azaspiracid, isolated from mussels produced in Ireland. *Toxicon* 2000; 38: 917-930.

48) Ito E, Satake M, Ofuji K, Higashi M, Harigaya K, McMahon T, Yasumoto T. Chronic effects in mice caused by oral administration of sublethal doses of azaspiracid, a new marine toxin isolated from mussels. *Toxicon* 2002; 40: 193-203.

49) Tillmann U, Elbrachter M, Krock B, John U, Cembella A. *Azadinium spinosum* gen. et sp. nov. (Dinophyceae) identified as a primary producer of azaspiracid toxins. *Eur. J. Phycol.* 2009; 44: 63-79.

50) European Union/Sante et Consommateurs (EU/SANCO). Report of the meeting of the working group on toxicology of DSP and AZP, 2001.

51) Twiner MJ, Hess P, Doucette GJ. Azaspiracids, toxicology, pharmacology, and risk assessment. In: Botana LM (ed.) *Seafood and Freshwater Toxins Third Edition. Pharmacology, Physiology, and Detection*. CRC Press. 2014; 823-855.

2章　新たな貝毒リスク管理ガイドラインについて

飯 岡 真 子[*1]

　1970年代，わが国では麻痺性貝毒による二枚貝の毒化および下痢性貝毒による食中毒事例が相当数報告された．これに対する行政措置として，水産庁は生産海域における貝毒発生の監視，出荷自主規制などについての通知を，当時の厚生省は流通段階における監視についての通知をそれぞれ発することによって有毒二枚貝の流通防止を図った[*2]．これら貝毒には規制値が設定され，これを超過した貝類の販売などを行うことは食品衛生法の規定に違反するとされた[*3]．これ以降，貝毒関連通知に基づいて各都道府県および漁業関係者が連携して貝毒のリスク管理を進めてきた結果，近年市場に流通した貝類による食中毒は報告されていない．

　これまでは厚生労働省が定めた検査法（以下「公定法」という）であるマウス毒性試験を用いて貝毒の量を測定してきたが，近年の機器分析法の発展および国際的な動向を踏まえ，2015年4月，下痢性貝毒について新たな規制値が定められ，公定法がマウス毒性試験法から機器分析法に変更された．

　これらの改定に伴い，農林水産省は，従来の貝毒関係通知の整理および見直しを行い，新たな規制値および公定法に対応し，科学的知見に基づいたより柔軟なリスク管理を取ることを可能とする通知を出すこととなった．さらに，こ

[*1] 農林水産省消費・安全局畜水産安全管理課水産安全室
[*2] 「ホタテガイ等の貝毒について」（昭和53年7月21日付け53水研第963号水産庁長官通知），「貝類による食中毒の防止について」（昭和53年7月21日付け環乳第37号厚生省環境衛生局乳肉衛生課長通知）．これ以降，内容の変更や追加が行われ，いくつかの貝毒関連通知が出されている．
[*3] 厚生労働省は，貝類の可食部1g当たりの毒量が麻痺性貝毒にあっては4MU（マウスユニット），下痢性貝毒にあっては0.05 MUを超えるものの販売などを行うことは，食品衛生法の規定に違反するものとして取り扱うとした（「麻痺性貝毒等により毒化した貝類の取扱いについて」昭和55年7月1日付け環乳第29号厚生省環境衛生局長通知）．

の通知を補完するため,これまで得られた科学的知見,具体的な方策や事例,留意事項を取りまとめたガイドラインを新たに策定した.

この章では,近年の貝毒の検査法をめぐる国内外の動きについて触れるとともに,新たに出された「生産海域における貝毒の監視および管理措置について」(平成27年3月6日付け26消安第6073号農林水産省消費・安全局長通知)(以下「新通知」という)と,「二枚貝等の貝毒のリスク管理に関するガイドライン」(平成27年3月6日付け26消安第6112号農林水産省消費・安全局畜水産安全管理課長通知)(以下「ガイドライン」という)に基づく,生産段階における貝毒リスク管理の概要を説明する.

§1. 貝毒をめぐる動き
1・1 国際的な貝毒検査法の動向

貝毒の検査は,従来マウス毒性試験法により実施されてきたが,近年,国内外で液体クロマトグラフィー質量分析計法などの機器分析法が開発されている.マウス毒性試験法は,抽出した毒成分をマウスの腹腔内に注射して毒量を測定するものであり,複雑な分析装置を必要とせず,生物学的反応に基づき複数の毒成分の毒量全体を測定するなどの利点がある一方,マウスの個体差による影響,遊離脂肪酸などの干渉物質の存在による偽陽性,特定の毒成分を個別に測定できないなどの欠点がある.他方,機器分析法は,高価な分析機器と高度な技術が必要ではあるが,検出感度が高く,毒成分ごとに測定が可能であり,より高感度・高精度な分析法である[1].

下痢性貝毒については,従来のマウス毒性試験法ではオカダ酸(OA)群,ペクテノトキシン(pectenotoxin:PTX)群,イェッソトキシン(yessotoxin:YTX)群の毒量を一括で測定していた.これに対し,二枚貝の貝毒に関するFAO/IOC/WHO合同専門家会議はPTX群,YTX群について,ヒトへの毒性を示すデータや直接原因となった食中毒事例がなく,また動物実験では経口毒性が非常に低く下痢原性は認められないと報告している[2].これを受けて,2008年にCodex委員会[*4]は,機器分析法を前提とした麻痺性貝毒および下痢性貝

[*4] 1章脚注(10ページ)参照.

毒を含む貝毒の毒成分ごとの最大基準値を設定する際に，PTX 群および YTX 群はそれまでの科学的知見から判断する限り規制すべきではないとし，ヒトへの毒性が認められている OA 群についてのみ 0.16 mgOA 当量/kg という基準値を定めた．

また，諸外国においては，2011 年に EU が下痢性貝毒に機器分析法を導入する[3]など，各国で機器分析法の検討および導入が進められている．

1・2　国内における下痢性貝毒規制値と公定法の改定

厚生労働省において，前述の国際的な動向を踏まえ，貝毒の安全性をより向上させるため，下痢性貝毒に新たな規制値を設定し，公定法を機器分析法とすることについて検討が始められた．具体的には 2013 年 8 月に開催された厚生労働省薬事・食品衛生審議会食品衛生分科会乳肉水産食品部会において，下痢性貝毒として OA 群に Codex 基準を導入することについて食品安全委員会に食品健康影響評価を依頼することが決定された．2014 年 7 月，食品安全委員会から食品健康影響評価が答申され，これを受けて 2014 年 8 月に同部会，2015 年 1 月に厚生労働省薬事・食品衛生審議会食品衛生分科会で検討が行われた．

食品安全委員会によって示された下痢性貝毒の急性参照用量（Acute Reference Dose：ARfD）[*5] を踏まえて国際的な規制値導入の状況，わが国における二枚貝摂取量と二枚貝の汚染濃度の実態などを考慮して議論が行われた結果，最終的に食品衛生法に基づく下痢性貝毒規制値を Codex 基準値と同じとすることが了承された．これに基づき，2015 年 4 月，わが国の下痢性貝毒の規制値は可食部中 0.05 MU/g から 0.16 mgOA 当量/kg に，公定法はマウス毒性試験法から機器分析法に変更された[*6]．こうして，規制対象がヒトへの下痢原性が明確に認められる OA 群に限定され，機器分析法の導入によって検出感度および精度が向上したことから，より精密な貝毒監視が可能となった．

[*5] ヒトの 24 時間またはそれより短時間の経口摂取で健康に悪影響を示さないと推定される体重 1 kg 当たりの摂取量．食品安全委員会は，OA 群の ARfD を 0.3 μgOA 当量/kg 体重と結論づけた．
[*6] 「麻痺性貝毒等により毒化した貝類の取扱いについて」（平成 27 年 3 月 6 日付け食安発 0306 第 1 号厚生労働省医薬食品局食品安全部長通知）

§2. 生産段階における貝毒のリスク管理

下痢性貝毒の規制値と公定法の改定に伴い，農林水産省は，既存の貝毒関係通知の整理および見直しを行い，新通知およびガイドラインを示したことは冒頭述べた通りである．各都道府県は，ガイドラインを参考にしつつ，新通知に基づき各海域や生物種の特性に応じた貝毒のリスク管理を実施している．その概要は次の通りである．

2・1 貝毒の監視のための対象種，生産海域，調査点の設定

新通知では，水産生物中の貝毒の蓄積状況を監視するため，都道府県は，あらかじめ監視対象とする生物種を選定するとともに，監視を行う生産海域を区分し設定することとしている．また，監視を行う生産海域ごとに，監視対象種をサンプリングする調査点を定めることとしている．

貝毒は二枚貝だけでなく，二枚貝を捕食する生物や，ホヤなどの二枚貝以外のプランクトン捕食生物（以下これらすべてを含めて「二枚貝など」という）にも蓄積される．そのため監視対象種は，毒化する恐れがあり食品として供給される可能性がある，漁業，養殖業または遊漁の対象となっている二枚貝などから選定する．ガイドラインでは，監視対象種の選定の参考となるよう，これまでにわが国で貝毒の検出が報告された生物リストを掲載しているが，掲載種以外の生物からも貝毒が検出される可能性があるため，引き続き情報収集が必要である．

監視を行う生産海域の区分と設定について新通知は，二枚貝などの生産状況，過去の貝毒の発生状況，プランクトンの発生状況，海流などの環境的要因と，行政区分や地域の実情などの社会的要因を踏まえて行うこととしている．貝毒の監視および，後述する出荷自主規制などは，ここで設定する生産海域区分ごとに実施されるため，都道府県は，これを考慮して区分および設定を行う必要がある．具体的には，海洋環境が似ており，二枚貝などの貝毒の蓄積が同様の傾向を示す海域（湾単位など）を基本とし，これに市町村や漁業者団体の管理海域などの要因を組み合わせて生産海域区分および設定を行う．

ガイドラインは，海域内の漁場での操業や出荷状況に応じ，過去の知見などをもとに，最も毒化が早く，より高毒化する地点を調査点として選定するのが望ましいとしている．例えば，貝毒原因プランクトンの発生および増殖が観測

される海域に調査点を設定すれば，ここで採取した監視対象種を用いた毒化予察が期待できる．また，過去の知見がない場合は，まずは可能な限り多く調査点を設け，データが集積された後，その情報をもとに調査点の見直しを行うのが望ましいとしている．

2・2　貝毒の監視方法

新通知において，都道府県は，調査点から監視対象種をサンプリングして貝毒が蓄積する恐れのある期間内には少なくとも週1回検査を行い，貝毒の量を測定し，監視を実施することとしている．また検査は，公定法または公定法と同等以上の方法で行うほか，後述するスクリーニング法も使用できる．

ここでいう貝毒が蓄積する恐れのある期間とは，毎年貝毒が発生する時期，後述する貝毒原因プランクトンの監視によりその密度上昇が確認された時期，さらに貝毒原因プランクトンが発生する水温などの気象条件が満たされた時期が挙げられる．また，ガイドラインは，サンプリングの際の注意点として，個体のサイズや垂下養殖による水深の違いによって，貝毒の蓄積および減少に違いが生じる場合があるため，サイズについては実際出荷されるものと同程度，水深についてはより高毒化する水深から採取を行うこととしている．

貝毒の検査方法について，新通知は，麻痺性貝毒にあっては公定法であるマウス毒性試験法かそれと同等以上の方法，下痢性貝毒にあっては厚生労働省が公定法として定めている性能基準を満たす機器分析法のほか，麻痺性および下痢性貝毒の検査の迅速化と効率化のために，確実に規制値より毒量の低い検体を判別できるスクリーニング法の使用を認めている．

農林水産省は，従来，生産段階における貝毒の検査法として公定法のみを認めていたが，今回の改定で新たに公定法と同等以上の検査法およびスクリーニング法の使用が可能となり，検査法の妥当性確認などの科学的知見に基づけば，様々な検査方法が導入できるようになった．

ガイドラインは，生産海域における貝毒検査の基本的な考え方，麻痺性貝毒および下痢性貝毒の機器分析法で求められる性能基準や，妥当性確認が行われている機器分析法を紹介している．実際に検査を行う検査機関は，導入する検査法の性能が公定法と同等以上であることを確認するとともに，必要な精度管理を行って検査の信頼性を維持および確保する必要がある．スクリーニング法

についても，基本的な考え方や，導入の際の注意点，現在開発されている検査方法などについて情報提供している．

スクリーニング法は，公定法などと比較して，費用が安価で迅速に結果が得られるため，より多くの検体を効率的に検査することが可能である．導入の際には，検出感度などを確認したうえで，規制値より確実に毒量の低いレベル（スクリーニングレベル）を設定する必要がある．スクリーニング検査の結果，検体の毒量がこのスクリーニングレベルより低ければそれ以上の検査は不要であるが，これを上回れば公定法などにより毒量を確認する必要がある．

スクリーニング法の導入事例として，熊本県による麻痺性貝毒モニタリングへの酵素結合免疫吸着法（Enzyme-Linked Immuno-Sorbent Assay：ELISA）[*7]の活用が挙げられる．篠﨑らは，熊本県産マガキを用いて大阪府立公衆衛生研究所が開発したELISAキットと公定法との相関，各毒群の組成比と同キットによる毒力定量値の関係を調べ，同キットをスクリーニング法として使用するためのスクリーニングレベルを2 MU/gとした[4]．このスクリーニング法は熊本県では実際に貝毒モニタリングに導入されている[4]．なお，スクリーニング法の例については，4章で具体的に説明されているため，詳細はそちらを確認願いたい．

2・3 監視強化時期

新通知では，貝毒検査の結果，監視対象種の可食部に一定量以上（麻痺性貝毒については2 MU/g，下痢性貝毒については0.05 mgOA当量/kgを目安とする）の貝毒が認められた場合，都道府県は調査点の増加や検査間隔の短縮などの監視強化を実施することとしている．

通常の貝毒の監視は，週1回，決められた調査点で実施されるが，急速に貝毒の蓄積が進む場合は，次の検査までの期間に二枚貝などの毒量が規制値を超え，これが出荷される恐れがある．監視強化を実施することで，貝毒の蓄積を速やかに把握して対処することが可能となる．

2・4 出荷の自主規制および再開

新通知は，監視対象種の可食部から規制値を超過した貝毒が検出された場合，

[*7] 抗原抗体反応を利用し，試料中に含まれる特定のタンパク質（病原体など）を検出または定量する分析法の一つ．

都道府県は，関係団体および関係漁業者などに対し，当該生産海域における二枚貝などの出荷の自主規制を要請することとしている．また貝毒検査の結果，すべての検体の毒量が規制値以下となり，この検査の1週間後および2週間後の検査でも同様の結果が得られた場合，出荷を再開することができるとしている．これによらず出荷を再開する場合には，対象種の貝毒の蓄積や低下に関する科学的知見および毒量の検査結果に基づき，規制値を超える二枚貝などが出荷されることがないようにする必要がある．生産海域で複数種が生産されており，生物種ごとに貝毒検査が実施されている場合，生物種ごとの検査結果に応じて，出荷の自主規制および出荷再開が実施される．例えば，ホタテガイのみを監視対象種としている生産海域で，ホタテガイから規制値を超過した貝毒が検出された場合，当該生産海域で生産されるすべての二枚貝などが出荷停止となるが，ホタテガイに加えカキの検査を実施し，カキの毒量が規制値以下であれば，カキの出荷は継続される．

　ガイドラインは，出荷の自主規制および再開は，生物種により貝毒の蓄積および減少に違いがあるため，原則として，出荷する生物種の検査結果に基づき実施されるべきとしている．指標種を設定する場合は，各生産海域で生物種ごとの貝毒の蓄積および減少に関する科学的知見の集積と実際の貝毒検査の結果をもって，他の生物種の毒量を推定できることを事前に確認し，安全確保に十分注意するよう指導している．例えば，ムラサキイガイは貝毒を速やかに蓄積し，毒量が比較的高くなるため，毒化予察の指標となるが，減毒の速度はホタテガイなどに比べ遅いため，出荷再開の指標にはできない．

　また，従来の貝毒関係通知では，出荷の再開には3週間連続で毒量が規制値以下である必要があったが，今回の改定により，貝毒の蓄積および減少に関する科学的知見および貝毒検査結果に基づけば，出荷の再開を早めることが可能となった．実際に出荷期間を短縮する場合には，生産海域ごと，生物種ごとの貝毒の蓄積や減少の特性などの科学的知見を十分集積し，安全性を確保したうえで実施することになる．

2・5　有毒部位の除去

　新通知は，検査の結果，可食部全体の毒量が規制値を上回ったとしても，貝毒が特定の部位に蓄積する場合，その有毒部位を適切に除去し，処理後の可食

部毒量が規制値以下となれば，出荷することができるとしている．

ホタテガイは中腸腺に貝毒が偏在するため，中腸腺を適切に除去すれば出荷することが可能であり，農林水産省は，ホタテガイの有毒部位の除去について別途通知を発出している[*8]．他の二枚貝などについても貝毒が中腸腺など特定の部位に偏在することが明らかになれば，有毒部位を除去したうえでの出荷が可能となる．

2・6　貝毒原因プランクトンの監視

新通知では，都道府県による貝毒原因プランクトン発生状況の監視を必ずしも求めていないが，二枚貝などは原因プランクトンが作る貝毒を蓄積することで毒化するため，原因プランクトンの発生状況の把握は二枚貝などの毒化予察やその後の動向を把握するうえで非常に有効な手段である．しかし，貝毒原因プランクトンの発生密度と二枚貝が蓄積する毒量は必ずしも完全には一致しないため，最終的には，二枚貝などの毒量を直接測定して出荷の可否を判断する必要がある．

ガイドラインでは，わが国で確認されている下痢性貝毒および麻痺性貝毒の原因プランクトンのリストを示すとともに，望ましい検査頻度，検査期間およびサンプルの採取方法などを示している．

2・7　科学的情報の収集・集積

新通知では，今後の管理措置の適切な見直しのため，都道府県は貝毒の監視を通じて貝毒に関する科学的知見を収集・集積し，これを農林水産省消費・安全局および関係都道府県と共有することとしている．

貝毒は毎年発生しており，また原因プランクトンの発生状況や二枚貝などに蓄積する貝毒成分は変化する可能性があるため，継続した科学的知見の収集が必要である．都道府県が収集および集積した情報の他，農林水産省が実施する研究事業で得られた成果をガイドラインなどを通じ関係者と共有し，科学的な知見に基づく貝毒リスク管理に活用することが重要である．

以上に述べてきた生産段階における貝毒のリスク管理を図2・1で示すと次

[*8]「ホタテガイの貝毒に関する管理措置について」（平成27年3月6日付け26消安第6112号農林水産省消費・安全局畜水産安全管理課長通知）

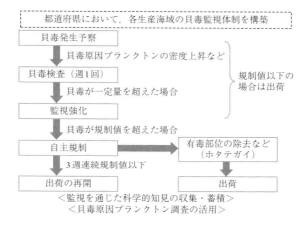

図2·1　生産段階における貝毒のリスク管理の流れ

の通りである．

　今回の貝毒関係通知の見直しにより，生産段階における貝毒リスク管理に科学的知見を大いに活用できるようになった．機器分析法やスクリーニング法の開発および導入や，貝毒原因プランクトンの発生状況・二枚貝などの貝毒の蓄積および減少に関する知見の収集により，より効率的で安全な貝毒リスク管理の実現が期待される．

文　献

1) EFSA. Marine biotoxins in shellfish - okadaic acid and analogues. scientific opinion of the panel on contaminants in the food chain. *EFSA Journal* 2008; 589: 1-62.
2) FAO/IOC/WHO. Report of the joint FAO/IOC/WHO ad hoc expert consultation on biotoxins in bivalve molluscs. 2004.
3) EU Commission Regulation（EU）No 15/2011. 2011.
4) 篠﨑貴史, 渡邊龍一, 川津健太郎, 櫻田清成, 髙日新也, 上野健一, 松嶋良次, 鈴木敏之. 麻痺性貝毒簡易検出キット（PSP-ELISA）を用いた貝毒モニタリングシステムの有効性. 食衛誌 2013; 54: 397-401.

> # 3章　貝毒の検査法

鈴木敏之[*]

§1. 食品の安全性検査で一般に利用される分析法

　食品に含まれる物質の特定や含有量を調べる食品理化学検査において，最も汎用的に利用されている分析法はガスクロマトグラフィーや液体クロマトグラフィーなどクロマトグラフィーによる分離手法に紫外可視吸光光度検出器や蛍光検出器，質量分析器などを接続させた機器分析法である．これらの機器分析法は，高精度かつ高感度な検査法として，様々な食品理化学検査において国が定めた公定法として利用されている．一方，より簡便な測定法として一般的に利用されているのが ELISA である．ELISA は短時間で多数検体の検査が可能であるが，選択性や定量精度においては機器分析法に劣る．したがって，ELISA は試料中の危害物質が陰性であるか陽性であるか，あるいは規制値を超えるか否かについて調べるスクリーニング法として利用されることが多い．一般的に食品理化学検査において，ELISA で陽性となった検体については，機器分析法などによる確認検査により結果が確定される．一方，陰性の結果については，ELISA の結果により確定されることが多い．

1・1　液体クロマトグラフィー

　液体クロマトグラフィー（High Performance Liquid Chromatography：HPLC）とは，「液体の移動相をポンプなどによって加圧してカラムを通過させ，分析種を固定相および移動相との相互作用（吸着，分配，イオン交換，サイズ排除など）の差を利用して高性能に分離して検出する方法」と定義されている分析手法である[1]．一方，液体クロマトグラフィーを行うための装置を高速液体クロマトグラフ（High Performance Liquid Chromatograph）と呼ぶが，同じ

---

[*] 国立研究開発法人水産研究・教育機構 中央水産研究所

HPLCの略号があてられる．

1）装置構成と分離原理

図3・1に高速液体クロマトグラフの装置構成を示す．基本的に，移動相送液ポンプ，試料注入装置（インジェクタ），カラム（固定相），検出器，データ解析装置からなる．ポンプで液体の移動相を吸い上げ，固定相を充填したカラムに送り込む．移動相は一定の流量でカラムに送られるが，0.2～2.0 mL/min

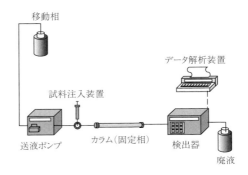

図3・1 高速液体クロマトグラフ（HPLC）装置の構成

程度の流速が一般的である．ポンプとカラムの間に試料注入装置が配置されており，ここから試料が注入され，移動相によりカラムに運ばれる．カラムに運ばれた試料は，カラムに充填された固定相と移動相との相互作用の違いにより，一定の比率で分布しながら，カラムの中を移動相により運ばれ移動する．仮に物質AとBの混合物があり，Aはある相互作用により50%，Bは25%が固定相に保持されると仮定する．移動相が固定相と接しながら移動することにより，図3・2のように分配平衡が繰り返され，結果的に移動相中のAとBは濃度分布が異なるピークとして分離される．

　固定相のもつ平衡の原理により，①吸着クロマトグラフィー，②分配クロマトグラフィー，③イオン交換クロマトグラフィー，④サイズ排除クロマトグラフィーなどがある．①吸着クロマトグラフィーは固定相に対する試料成分の吸着能の違いにより分離が起きる．無機酸化物であるシリカゲルやアルミナなどが固定相として用いられる．②分配クロマトグラフィーは，不活性な固定相に液体を保持させ，試料成分が，固定相液体と移動相のどちらに溶解しやすいかにより液／液分配され，分離が起きる．最も広範囲に利用されるクロマトグラフィーであり，オクタデシル基（C18）などの炭化水素系官能基をシリカゲル表面に化学的に結合させた充填剤が一般的である．シリカゲルのビーズ表面に油膜が張られていると想像していただきたい．オクタデシル基のほかにオクチ

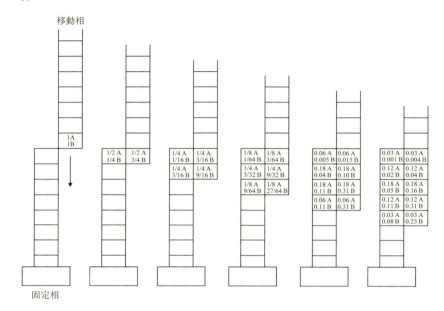

図3·2 クロマトグラフィーによる分離

ル基(C8)が結合した充填剤なども一般的である．C8やC18カラムは脂溶性化合物や脂溶性官能基を有する化合物の分析に利用されるカラムであり，逆相分配カラムと呼ばれている．オカダ酸群，ブレベトキシン群，アザスピロ酸群など脂溶性貝毒(1章参照)の分析では，これらのカラムが用いられている．移動相としては，水にメタノールやアセトニトリルなどの有機溶媒を加えたものが一般的である．水と有機溶媒の比率を変えることにより，試料成分の脂溶性固定相／移動相に対する分配平衡が変わり，試料成分の保持も変化する．有機溶媒の比率を上げるほど脂溶性試料成分は固定相よりも移動相に分配されやすくなり，カラムから溶出されやすくなる．③イオン交換クロマトグラフィーは，イオン交換樹脂を固定相として利用し，イオン性化合物が固定相とイオン結合することにより，保持される．電荷が多い化合物ほど強く固定相に保持される．例えば，陽イオン交換樹脂であるスルホン酸基($-SO_3H$)を有する固定相は，陽イオン化合物(M^{n+})と以下のようにイオン結合し，陽イオン化合物は保持される．Rzはイオン交換樹脂の骨格部分である．

$$nRzSO_3^- H^+ + M^{n+} \rightleftarrows (RzSO_3)_n M + nH^+$$

④サイズ排除クロマトグラフィーは,多孔性粒子固定相のふるいの目に対する化合物の浸透性の違いにより分離が起きる.大きな分子ほどふるいの目に入り込みにくいため,カラム中での移動距離が短くなり,速くカラムから溶出する.移動相が有機溶媒である場合は,ゲル浸透クロマトグラフィーと呼ばれ,移動相が水溶液である場合は,ゲルろ過クロマトグラフィーと呼ばれる.

これらの様々なクロマトグラフィーは貝毒の機器分析で利用されるほか,貝毒標準物質を製造する際の貝毒にも利用されている[2].

2) HPLCにおける検出法

(1) 紫外可視吸光光度検出法

紫外可視吸光光度検出法(Ultraviolet and Visible Absorption Detection:UV/VisD)は,紫外から可視領域である190〜900 nmに吸収をもつ化合物の検出に適用される.スペクトルの吸収の強さは物質の濃度と比例するため,既知濃度の標準物質のスペクトル強度と比較することにより,試料の濃度を決定することができる.

紫外から可視領域に吸収をもつ化合物には,色素,タンパク,芳香族,脂質など様々な化合物があるため,微量の貝毒を検出,定量するためには,HPLCにより完全に測定対象とする貝毒とその他の化合物を分離する必要がある.移動相となる溶媒にも紫外可視吸収があるため,測定対象物が有する吸収波長の範囲内に移動相溶媒が吸収をもつことは好ましくない.逆相分配カラムで頻繁に利用される溶媒として水やアセトニトリルが挙げられるが,これらの溶媒は,195 nmから可視領域まで良好な透過性を有する.一方,メタノールやエタノールは210 nmから可視領域まで良好な透過性を有するが,アセトニトリルと異なり,210 nm以下の領域で吸収を示す化合物の検出には利用できない.

(2) ダイオードアレイ検出法

ダイオードアレイ検出法(Diode Array Detection:DAD)は,UV/VisDと同様に,紫外から可視領域である190〜900 nmに吸収をもつ化合物の検出に適用される.UV/VisDでは,分光器により分離した特定の波長の光のみを試料に透過させるのに対して,DADでは,紫外可視光を分けずに試料に透過させ,

透過した光を分光器で分離して,各波長の吸収を光検出器として働く半導体素子で検出する．そのため,UV/VisD では単一波長のみを検出するのに対して,DAD は全波長を検出することができる．DAD では,試料の紫外可視スペクトルを予想される物質と比較することにより同定したり,不純物の存在を推定することができる．また,ライブラリーによりスペクトルの波形を検索すれば,その成分を予想することもできる．さらに,スペクトルの吸収の強さは,物質の濃度と比例するため,既知濃度の標準物質のスペクトル強度と比較することにより,試料の濃度を決定することもできるが,検出感度は紫外可視よりも劣る．DAD は広範囲で様々な化合物を検出できるため,精製した貝毒の純度の検定などに利用されることもある．

(3) 蛍光検出法

蛍光とは物質が紫外・可視光を吸収して励起状態となった後,元の基底状態に戻る過程において起こる発光現象である．UV/VisD は物質の吸収波長のみを設定するのに対して,蛍光検出法（Fluoresence Detection：FLD）では励起波長と蛍光波長の2種類の波長を設定する．蛍光物質を測定するため,UV/VisD と比較してより選択的に化合物を検出することができ検出感度も高い．また,移動相溶媒についても UV/VisD と比較して,より広範囲な溶媒を使用することができる．物質から発せられる蛍光波長の強度は,物質の濃度と比例するため,既知濃度の標準物質のスペクトル強度と比較することにより,濃度を決めることもできる．貝毒の分析では,麻痺性貝毒や下痢性貝毒の測定に用いられている．麻痺性貝毒や下痢性貝毒には,蛍光を発する官能基がないため,いずれの貝毒も蛍光誘導体に誘導化してから検出・定量する．

(4) 質量分析法

質量分析法（Mass Spectrometry：MS）とは,分子を様々なイオン化法によりイオン化し,高真空中で電磁気的に分離して検出する方法である．化合物の質量と電荷の比である質量電荷比（m/z）として検出される．貝毒の分析で利用される MS は液体クロマトグラフィーと MS をつなげた LC/MS である．HPLC/MS と呼ばれることもあるが,LC/MS の方が一般的である．LC で分離された化合物の m/z を測定するためには,移動相溶媒を除去し,さらにイオン化する必要がある．移動相溶媒の除去とイオン化が行われる装置はイオン源と

呼ばれる．

　貝毒の分析で通常使用されるイオン化法は電子スプレーイオン化法（Electrospray Ionization：ESI）である．ESIは現在，質量分析において最も汎用的に利用されているイオン化法の一つである．図3・3はESIによるイオン化の模式図である．移動相とともに運ばれた試料は，高電圧をかけたキャピラリを通り，帯電した液滴が噴霧される．高温の窒素ガスにより溶媒が蒸発し，液滴が小さくなると，イオンの斥力が表面張力を上回り，イオンは気相に放出される．ESIでは $(M+nH)^{n+}$ や $(M-nH)^{n-}$ などの多価イオンを生成させることができる．Mは分子量である．そのためタンパクなどの高分子もイオン化することができる．また，$[M+NH_4]^+$，$[M+Na]^+$，$[M+HCOO]^-$ などの付加イオンが検出されるため，化合物の分子量を容易に推定することができる．大気圧下でイオンとなった物質は，高真空の質量分析部へと細孔を通じて導入される．

　質量分析部には様々なタイプの装置があるが，貝毒の分析も含めて現在最も広く利用されている装置は，四重極型質量分析計である（図3・4）．質量分析計は4本の円柱状電極からなり，直流電圧と高周波交流電圧を重ね合わせた電圧をかける．対向する電極に同じ極性の電圧をかけ，隣接する電極に逆の電圧をかけることにより，電場が生じる．このとき，ある一定の電圧を加えることにより，特定の電場が生じ，特定の m/z のイオンのみが四重極を通過し，検出器に到達することができる．そのため四重極はマスフィルターとも呼ばれる．

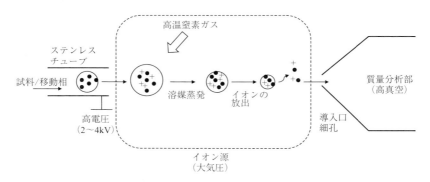

図3・3　電子スプレーイオン化法によるイオン化

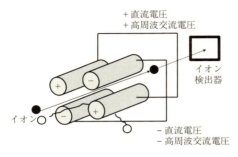

図 3·4 四重極型質量分析計の模式図

ある特定の m/z を有する化合物のみを通過させることにより，極めて選択的な検出ができる．この検出モードは選択イオン検出（Selected Ion Monitoring：SIM）と呼ばれる．一方，電圧を連続的に変えながら測定すれば，広範囲に m/z を有する化合物を検出できる．近年，理化学検査において一般的に利用されるようになっているタンデム四重極型質量分析計（MS/MS）は四重極を三組直列につなげて配置している．イオン源に近い方から Q1，Q2，Q3 と呼ぶ．

| イオン源 | → | 四重極（Q1） | → | 四重極（Q2） | → | 四重極（Q3） | → | 検出器 |

Q1 の SIM モードで特定のイオンを選択し Q2 に導入し，Q2 内に充填した不活性ガスと衝突させ，イオンを壊すことにより生成するプロダクトイオンの一部を選択的に Q3 で測定することにより，極めて選択性が高い検出が可能となる．この測定モードは多重反応モニタリング（Multiple Reaction Monitoring：MRM）と呼ばれ，下痢性貝毒の定量などでも利用されている測定モードである．Q3 でイオンを選択せずプロダクトインをすべて検出するフルスキャン検出で得られるイオンスペクトルは化合物の構造を反映した開裂パターンを示すことから同定や構造解析に利用できる．

1・2 ELISA

抗原抗体反応は，生体内に侵入した異物（抗原）に抗体が結合することにより，抗原の毒性を無毒化し，生体を防御する反応である．この原理を利用し，試料溶液中に含まれる抗原あるいは抗体を抗体あるいは抗原で捕捉し，酵素反応を利用して検出，定量する方法が ELISA である．ELISA にはいくつかの手法があるが，代表的な競合法を麻痺性貝毒の ELISA を例に図 3·5 に示す．麻痺性貝毒を対象とした ELISA では，抗麻痺性貝毒抗体をプレートに固相化し，

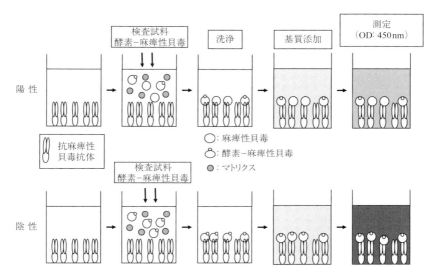

図 3・5　麻痺性貝毒の ELISA（競合法）

検査試料と酵素標識麻痺性貝毒を添加する．試料中の貝毒と酵素標識貝毒はともに抗体に結合する．プレートを洗浄した後，基質を添加し，抗体に結合した酵素と基質を反応させ，発色させる．発色率が高ければ酵素結合した麻痺性貝毒が多く，試料中の貝毒が少ないことを示し，逆に発色率が低い場合は，試料中に高い濃度の麻痺性貝毒が含まれていることになる．発色率により，試料中の麻痺性貝毒が定量できる．

§2. 貝毒検査で利用される分析法

2・1　マウス毒性試験

　麻痺性貝毒の検査では，二枚貝を 0.1 M の塩酸で加熱抽出し，抽出液の一部をマウスの腹腔内に投与し，マウスの致死時間により毒力を測定する[3]．体重 20 g のマウスを 15 分で死に至らしめる毒量を 1 マウスユニット（MU）と定義している．マウス毒性試験は麻痺性貝毒の検査法として，わが国も含めて多くの国で公定法として採用されている．国際的に公定法として認められている AOAC 法では，アメリカ政府機関が供給する STX 標準溶液を使ってマウスコ

ロニーの感受性を補正するため，毒力は STX（2 塩酸塩）相当量として表示される．わが国では STX の製造や所持などを厳しく規制する化学兵器禁止法があるため，貝毒検査においても STX を使用することが困難である．代わりに性別とマウス系統（ddY 系）を統一することで，感受性のばらつきをなるべく抑えている．また，MU の値をそのまま使って毒力を表示する．食品衛生法上の規制値は 4 MU/g である．この値は国際的な基準値である 0.8 mg STX 等量/kg にほぼ相当する．

下痢性貝毒やその他の脂溶性貝毒においてもマウス毒性試験は世界的に公定法として利用されてきたが，現在ではわが国も含め多くの国々で機器分析法が脂溶性の貝毒の検査法として採用されている．下痢性・脂溶性貝毒のマウス毒性試験では，二枚貝をアセトンで抽出し，抽出液を水／ジエチルエーテルで液／液分配し，脂溶性画分が含まれるジエチルエーテル画分の溶媒を除去後，抽出物を Tween60 などの界面活性剤溶液に懸濁し，マウスの腹腔内に投与する[4]．わが国の旧下痢性貝毒公定法では，1 MU は体重 16〜20 g の ddY 系もしくは ICR 系の雄マウスを 24 時間で死に至らしめる毒量と定義されている．下痢性貝毒のマウス毒性試験は未知毒の検出法として有効であることから，未知毒の探索など研究用に限り利用され続ける可能性が高い．

2・2　機器分析法
1）液体クロマトグラフィー／蛍光検出法

液体クロマトグラフィー／蛍光検出法（LC/FLD または蛍光 HPLC 法）は，特異性，感度ともに高く，麻痺性貝毒において研究や検査の現場で普及している[5-8]．図 3・6 に大島により報告された装置の概要を示す[5]．STX 群は水溶性化合物であり，電荷が 0，+1，+2 で帯びているため，逆相カラムにはまったく保持されない．しかし，移動相に STX 群が有するイオン性官能基と相反するイオン性試薬（ペアーイオン試薬）を添加し，試薬と相互作用を生じさせることにより，非極性基を導入した一分子のような挙動を与えることができる．イオン性官能基として，ヘプタンスルホン酸ナトリウムやリン酸テトラブチルアンモニアを添加することにより，本来逆相カラムに保持されない化合物でも保持されるようになり，分離が可能になる．3 種類の移動相を用いることにより，電荷の異なるすべての主要成分を分離定量することが可能である（図 3・7）．

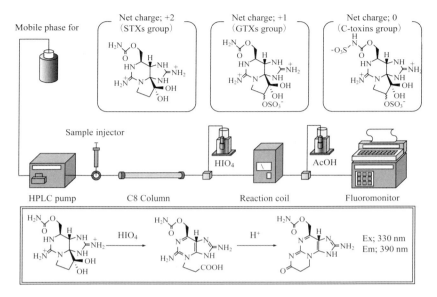

図 3・6 ポストカラム蛍光 HPLC 装置

検出はカラムの出口に過ヨウ素酸を加え，加熱した反応コイルに導入することにより，貝毒化合物をピリミドプリンに変換し，さらに酸を加えることにより，ラクタム環を形成させて，ラクタム環の発する蛍光を検出している（図 3・6）．カナダでは，妥当性が確認された類似の分析法が二枚貝の貝毒モニタリングに導入されている．

LC/FLD 法は下痢性貝毒の分析においても有用な分析法である[9]．この方法は OA 群のカルボキシル基に蛍光化試薬 9-アンスリルジアゾメタン（9-anthryldiazomethane：ADAM）を反応させ，蛍光誘導体を調製し，定量する方法である．前処理を自動化することにより[10]，簡便な測定が可能である．

2）液体クロマトグラフィー／タンデム質量分析法

下痢性貝毒やその他の脂溶性貝毒の液体クロマトグラフィー／タンデム質量分析法（LC/MS/MS）において，分離は C8 や C18 などの逆相分配系カラムが用いられ，移動相として蒸留水／アセトニトリルに酢酸，ギ酸，酢酸アンモニウム，ギ酸アンモニウムなどを添加した酸性移動相が用いられる[11-16]．MS 検

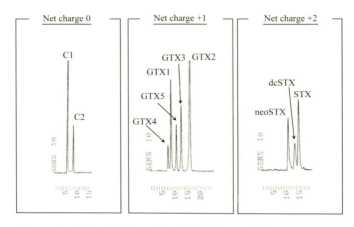

図 3・7　ポストカラム蛍光 HPLC 法により得られる STX 群のクロマトグラム

出は，ESI 法による検出が一般的である．酸性移動相を用いることにより，OA 群が有するカルボキシル基の解離が抑制され，カラムへの保持能が向上し選択性が高まる．その結果，ピーク形状がシャープになり，検出感度が向上する．

　最近では，塩基性条件下においても化学的に安定，かつ強い保持力を有するクロマトグラフィー担体が開発され，塩基性移動相を用いた OA 群の分析例も報告されている[17]．酸性移動相と比較すると塩基性移動相ではカルボキシル基のイオン化効率が向上するため，より高感度な検出が可能である．MS 検出では，陽陰両モードによる検出が可能であるが，定量分析では陰イオンモードにより OA や DTX1 の陰イオンである [M-H]$^-$ を Q1 で選択し，コリジョンセル Q2 で不活性ガスと衝突させることにより分子イオンを開裂させ，生じたフラグメントイオン m/z 255（図 3・8）を Q3 で選択する前述した MRM により，高感度かつ選択性が高い検出が可能である．この条件は，OA 群の陰イオンモードでの定量分析において，一般的に選択されているイオンチャンネルである．この MRM 条件がわが国の公定法でも採用されている．図 3・9 は MRM LC/MS/MS 条件[18]により，毒化したホタテガイ抽出物をアルカリ加水分解（1 章参照）して得られた OA 群のクロマトグラムである．夾雑物のピークはほとんど検出されず，良好なクロマトグラムが得られる．わが国の二枚貝から検出

される主要毒はジノフィシストキシン1（DTX1）と7位に脂肪酸がエステル結合した二枚貝代謝物であるジノフィシストキシン3（DTX3）である[16]．DTX3そのものは多成分なので LC/MS/MS による分析に適さない．あらかじめアルカリによる加水分解で DTX1 に変換して評価する．

OA の異性体であるジノフィシストキシン2（DTX2）はわが国の二枚貝か

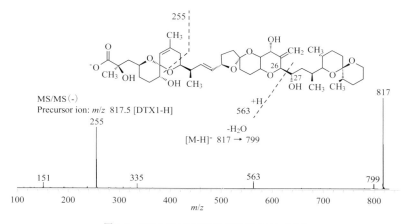

図3・8　DTX1 の LC/MS/MS フラグメントイオン

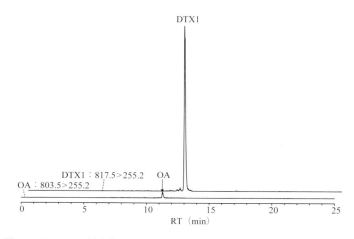

図3・9　ホタテガイ抽出物のアルカリ加水分解物の MRM LC/MS/MS クロマトグラム

ら検出された事例はないが，OA と同じ MRM イオンチャンネルから検出され，OA よりも保持時間が遅いため，OA の MRM イオンチャンネルから OA に遅れてピークが検出される場合には，DTX2 を疑う必要がある．

　LC/MS/MS による OA 群や脂溶性貝毒の定量において懸念される問題は，試料の夾雑物（マトリクス）によってイオン化阻害やイオン化促進が起こるため，測定値が真値から大きく外れることがあり，マトリクス効果と呼ばれている[19]．マトリクス効果を低減させるための測定条件や前処理法の検討は，貝毒の分析のみならず，LC/MS/MS における一般的な課題である．EU の標準手順書や一定基準の妥当性が確認された LC/MS/MS 法[20-23]では，無毒の二枚貝抽出液に毒を添加して調製したマトリクス検量線を用いることにより，マトリクス効果を前提とした定量法を採用している．また，カートリッジカラムで不純物を減らす前処理などもマトリクス効果に対して有効である[24,25]．さらに，超高速液体クロマトグラフィー（Ultra-Performance Liquid Chromatography：UPLC）による分離はマトリクス効果の低減に有効であることが報告されている[26,27]．最新の MS 検出器は極めて高感度であるため，抽出試料をメタノールなどで希釈することにより，マトリクスの影響を低減させる希釈法も有効である．

　LC/MS/MS は定量分析法にとどまらず，OA 群の構造解析法としても極めて優れた手法である[15]．陽イオンモードにより得られるスペクトル情報は，陰イオンモードにより得られるそれよりも豊富である（図3・10）．LC/MS/MS は感度が高く，様々なスキャンモードを駆使し，フラグメントイオンを解析することにより，わずかな試料から未知の類縁体を容易に検出し，構造解析することができる[15,28]．

　LC/MS/MS は OA 群と類似した分析条件により，ブレベトキシン（BTX）群，アザスピロ酸（AZA）群なども一斉に分析することができる．近年，LC/MS/MS は麻痺性貝毒など水溶性化合物の分析にも利用されており[29,30]，貝毒の検査において最も汎用的かつ重要な分析法となっている．

3) 液体クロマトグラフィー／ダイオードアレイ検出法

　ドウモイ酸（DA）検査の公定法は，DA の分子内二重結合を紫外部検出計で検出する液体クロマトグラフィー／ダイオードアレイ検出法（LC/DAD）である[31]．酸を含むアセトニトリル／水系の移動相が用いられ，紫外波長 242

3章 貝毒の検査法 49

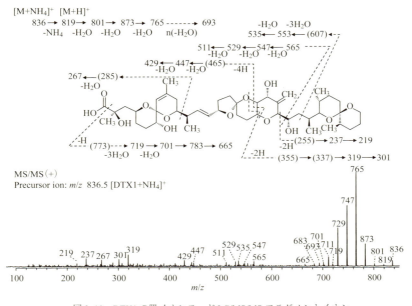

図3・10　DTX1の陽イオンモードLC/MS/MSフラグメントイオン

nmに吸収ピークをもつシグナルとして検出される．図3・11にDADの多波長検出を用いたDAのLC/DADクロマトグラムおよびUVスペクトルを示す．DAD検出では，保持時間に加えて，UVスペクトルによる同定により，比較的精度の高い同定が可能である．

2・3　簡易測定法

1) 麻痺性貝毒を対象としたELISAによる簡易測定

麻痺性貝毒には，主要な毒成分としてSTXおよびその他17種類の類縁体があり，二枚貝中に含まれる麻痺性貝毒はこれらの混合物である（図1・1）．麻痺性貝毒のELISAによる測定において，これまでに海外で作製されたポリクローナルまたはモノクローナル抗体は，STXとneoSTXに対する抗体であった[32〜36]．STXとneoSTXは多くの二枚貝では主要毒ではなく，微量毒成分である．一方，わが国で開発された抗体は，二枚貝の主要毒であるGTX2/3に対して作製された抗体であることが特徴である[37,38]．先端技術を活用した農林水

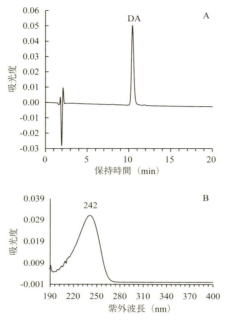

図 3・11　DA の LC/DAD クロマトグラム（A）と UV スペクトル（B）

産研究高度化事業「現場即応型貝毒検出技術と安全な貝毒モニタリング体制の開発」では，Kawatsu et al. が開発した抗体[37]を利用した麻痺性貝毒簡易測定キットが作製され，幅広い海域の二枚貝の検査に利用するために様々な知見が集積された．このキットの測定原理は図 3・5 で示した競合法である．

　麻痺性貝毒の ELISA の特徴として，抗体は様々な STX 類縁体に対して異なる交叉反応性を示し，そのため各毒成分に対する検出感度が異なることが知られている．表 3・1 に GTX2/3 に対して作製された抗体[37]を利用して開発された簡易測定キットにおける各毒の検出限界値を示す．この抗体の交叉反応性は N1-OH 毒（図 1・1）である GTX1/4 や neoSTX に対して低く，N1-H 毒である GTX2/3，dcGTX2/3，C1/2 に対しては高いが，STX に対しては例外的に低い．したがって，GTX2/3，dcGTX2/3，C1/2 の検出限界は低く高感度検出が可能であるのに対して，GTX1/4，neoSTX，STX の検出感度は前者と比較して低い．

表 3·1 麻痺性貝毒 ELISA 法の STX 類縁体に対する検出感度

	N1 置換基	比毒性 (MU/μmol)	検出限界 (pmol/mL)
GTX2/3	N1-H	1065	0.37
GTX1/4	N1-OH	2302	2.73
dcGTX2/3	N1-H	1681	0.45
C1/2	N1-H	71	0.48
STX	N1-H	2483	3.75
neoSTX	N1-OH	2295	57.30

実際に測定する二枚貝試料は, こうした抗体に対する反応性が異なる STX 類縁体の混合物である. 麻痺性貝毒の ELISA の測定値は, 二枚貝可食部当たりの麻痺性貝毒の総量 (nmol/g) で算出される. 二枚貝の STX 類縁体混合物の比率は同一海域で毒化した二枚貝同一種であれば類似するため, ELISA で得られる値 (nmol/g) は, 実際に二枚貝に含まれる毒の総量と高い相関を示す. 図 3·12 に北海道, 東北海域の二枚貝を対象に, ELISA と高精度測定法である蛍光 HPLC 法[5]により測定し比較した結果を示す. 北海道, 東北海域の二枚貝では, ELISA と蛍光 HPLC 法は高い相関を示し, 測定結果も近似している.

麻痺性貝毒公定法であるマウス毒性試験では, 結果は可食部当たりの毒力で表示され, 単位は MU/g である. 麻痺性貝毒の規制値 (4 MU/g) を超える二枚貝は食品衛生法では違反となるため, この値が出荷自主規制措置を講じるための規制値にもなる. ELISA をマウス毒性試験の前段のスクリーニング検査として利用するためには, ELISA の測定値 nmol/g をマウス毒力 MU/g に変換する必要がある. この変換係数は, 同一試料を用いてマウス毒力 (MU/g) と ELISA 測定値 (nmol/g) を求めて, 変換係数を算出することにより得られる値であるが, 多数検体のデータを蓄積する必要がある.

麻痺性貝毒 ELISA は, マウス毒性試験の前段に実施するス

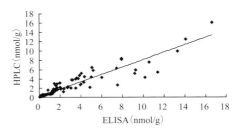

図 3·12 麻痺性貝毒 ELISA 法と蛍光 HPLC 法測定結果の比較

クリーニング法として位置付けるためには，①二枚貝のマウス毒性試験とELISA測定値の比較によるその地域に応じたマウス毒性への変換係数の設定，②二枚貝毒化原因プランクトンや二枚貝の毒組成に関する知見を蓄積することが必要である．このデータをもとにスクリーニング基準値を規制基準値の4 MU/gとするか，あるいはそれよりも低い値に設定するかなど，安全性を重視した条件を検討することにより，麻痺性貝毒ELISAキットを実用的なスクリーニング法として採用することが可能となる．

　先端技術を活用した農林水産研究高度化事業「現場即応型貝毒検出技術と安全な貝毒モニタリング体制の開発」の研究成果から派生し，北里大学が独自に開発した抗体[38]を用いた麻痺性貝毒検査キットも現在市販されている．このキットの特徴は検出感度が悪いGTX1/4などのN1-OH毒を化学的還元反応により検出感度がよいGTX2/3などのN1-H毒に変換することにより（図1・2），測定精度を向上させている点が特徴であり[38]，国内外での普及が期待されている．

2）酵素阻害測定法による下痢性貝毒の簡易測定法

　プロテインフォスファターゼ2A（PP2A）はタンパク質の脱リン酸化酵素である．OA群はPP2Aに結合し，PP2Aを失活させる作用を有する（図3・13）[39]．タンパク質のリン酸化と脱リン酸化は多くの細胞内の活動を制御するシグナル反応を媒介するが，OA群によりPP2Aが失活することにより，リン酸化タンパク質が蓄積され，発ガンプロモーター作用など様々な障害が生じると推定されている．この作用に注目して，パラニトロフェニルリン酸（pNPP）を基質としてPP2A活性阻害率を測定することにより，OA群を定量する手法が考案された[40,41]．図3・14に測定原理を示す．pNPPを基質とした場合，PP2Aによる脱リン酸化反応が起こり，黄色に発色するパラニトロフェノール（pNP）が生じる．しかし，試料中にOA群が含まれる場合には，PP2Aの失活により脱リン酸化反応が阻害され発色しない．したがって発色率を測定することにより，OA群を定量することが可能である．本測定法の測定手順は極めて簡便であり，プレートリーダーがあればOA群の定量検査が可能である．一方，OA群には7位水酸基に脂肪酸がエステル結合したDTX3（図1・1）や1位カルボキシル基にアルコールがエステル結合した通称ジオールエステル群も存在する．DTX3は二枚貝の中でDTX1などから変換される代謝物であり，ジオールエ

ステル群は有毒渦鞭毛藻類により生産される．これらのエステル型 OA 群は PP2A に対する阻害活性が極めて低いかほとんどないため，本測定法では検出できない．しかし，アルカリ加水分解によりエステル型 OA 群を遊離の OA 群に変換すれば酵素阻害法により検出することが可能になる[42]．国内の主要生産

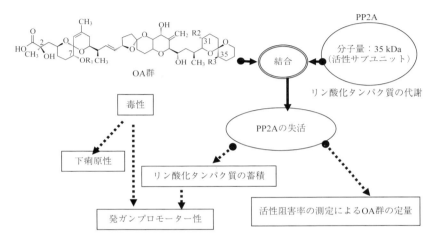

図 3・13 OA 群と PP2A

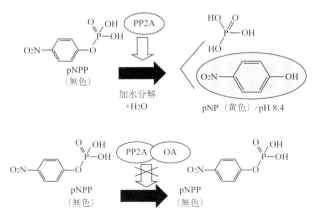

pNPP：パラニトロフェニルリン酸，pNP：パラニトロフェノール

図 3・14 PP2A 酵素阻害法の測定原理

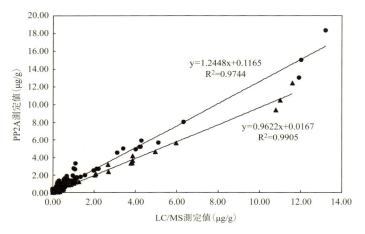

図 3・15 PP2A 測定値と LC/MS 測定値の比較
●:加水分解物, ▲:非加水分解物.

海域で毒化した二枚貝を対象に,本測定法と LC/MS による OA 群の測定値を比較した結果を図 3・15 に示す.加水分解した試料についても測定を行い比較した.本測定法と LC/MS 法の測定結果の間には良好な直線関係が認められるとともに,得られた測定値も近似していた.この結果は,本測定法は LC/MS 法に匹敵する測定精度を有することを裏付けており,極めて優れた定量分析法であることを示している.下痢性貝毒 OA 群検査の公定法は LC/MS/MS であるが,これを補完するスクリーニング法としての利用が期待される.

文　献

1) 日本工業規格　高速液体クロマトグラフィー通則　JIS K0124 2011.
2) Suzuki T, Watanabe R, Yoshino A, Oikawa H, Uchida H, Matushima R, Nagai S, Kamiyama T, Yamazaki T, Kawaguchi M, Yarita T, Takatsu A. Preparation of diarrhetic shellfish toxins (DSTs) and paralytic shellfish toxins (PSTs) by large algal culture and chemical conversion. In: Mackenzie, L. (ed.). Proceedings of the 16th International Conference on Harmful Algae. Cawthron Institute and the International Society for the Study of Harmful Algae. 2014; 34-39.
3) 日本食品衛生協会.第 7 章自然毒 A3 麻痺性貝毒「食品衛生検査指針　理科学編」(鵜飼良平) 大日本法令印刷株式会社.2015；827-834
4) 日本食品衛生協会.第 7 章自然毒 A4 下痢

性貝毒.「食品衛生検査指針 理科学編」(鵜飼良平) 大日本法令印刷株式会社. 2015; 836-841

5) Oshima Y. Post-column derivatization HPLC method for the analysis of PSP. *J. AOAC. Int.* 1995; 78: 795-799.

6) van de Riet JM, Gibbs RS, Chou FW, Muggah PM, Rourke WA, Burns G, Thomas K, Quilliam MA. Liquid chromatographic post-column oxidation method for analysis of paralytic shellfish toxins in mussels, clams, scallops, and oysters: single-laboratory validation. *J. AOAC Int.* 2009; 92: 1690-1704.

7) Etheridge SM. Paralytic shellfish poisoning: Seafood safety and human health perspectives. *Toxicon* 2010; 56: 108-122.

8) Turner AD, Hatfield RG, Rapkova M, Algoet M, Lees DN. Single-laboratory validation of a refined AOAC HPLC method 2005.06 for oysters, cockles and clams in UK shellfish. *J. AOAC Int.* 2010; 93: 1482-1493.

9) Lee JS, Yanagi T, Kenma R, Yasumoto T. Fluorometric determination of diarrhetic shellfish toxins by high-performance liquid chromatography. *Agric. Biol. Chem.* 1987; 51: 877-881.

10) Uchida H, Watanabe R, Matsushima R, Uchida N, Nagai H, Kamio M, Murata M, Yasumoto T, Suzuki T. A convenient HPLC method for detection of okadaic acid analogues as 9-amthrylmethyl esters with automated sample cleanup by column switching. *J. AOAC Int.* 2014; 97: 391-397.

11) Quilliam MA. Analysis of diarrhetic shellfish poisoning toxins in shellfish tissue by liquid chromatography with fluorometric and mass spectrometric detection. *J. AOAC Int.* 1995; 78: 555-570.

12) Suzuki T, Yasumoto T. Liquid chromatography-electrospray ionization mass spectrometry of the diarrhetic shellfish -poisoning toxins okadaic acid, denophysistoxin-1 and pectenotoxin-6 in bivalves. *J. Chromatogr. A.* 2000; 874: 199-206.

13) Quilliam MA. The role of chromatography in the hunt for red tide toxins. *J. Chromatogr. A.* 2003; 1000: 527-548.

14) McNabb P, Selwood AI, Holland PT. Multiresidue method for determination of algal toxins in shellfish: single-laboratory validation and interlaboratory study. *J. AOAC Int.* 2005; 88: 761-772.

15) Suzuki T, Quilliam MA. LC-MS/MS analysis of diarrhetic shellfish poisoning (DSP) toxins, okadaic acid and dinophysistoxin analogues, and other lipophilic toxins. *Anal. Sci.* 2011; 27: 571-584.

16) Suzuki T, Jin T, Shirota Y, Mitsuya T, Okumura Y, Kamiyama T. Quantification of lipophilic toxins associated with diarrhetic shellfish poisoning (DSP) in Japanese bivalves by liquid chromatography-mass spectrometry (LC/MS) and comparison with mouse bioassay (MBA) as the official testing method in Japan. *Fish. Sci.* 2005; 21: 1370-1378.

17) Gerssen A, Mulder PP, McElhinney MA, de Boer J. Liquid chromatography-tandem mass spectrometry method for the detection of marine lipophilic toxins under alkaline conditions. *J. Chromatogr. A.* 2009; 1216: 1421-1430.

18) Suzuki T, Miyazono A, Baba K, Sugawara R, Kamiyama T. LC-MS/MS analysis of okadaic acid analogues and other lipophilic toxins in single-cell isolates of several *Dinophysis* species collected in Hokkaido, Japan. *Harmful Algae* 2009; 8: 233-238.

19) Ito S, Tsukada K. Matrix effect and correction by standard addition in quantitative liquid chromatographic-mass spectrometric analysis of diarrhetic shellfish poisoning toxins. *J. Chromatogr. A.* 2002; 943: 39-46.

20) Stobo A, Lacaze JP, Scott AC, Gallacher S, Smith

EA, Quilliam MA. Liquid chromatography with mass spectrometry detection of lipophilic shellfish toxins. *J. AOAC Int.* 2005; 88: 1371-1382.
21) Gerssen A, van Olst EHW, Mulder PPJ, de Bore J. In-house validation of a liquid chromatography tandem mass spectrometry method for the analysis of lipophilic marine toxins in shellfish using matrix-matched calibration. *Anal. Bioanal. Chem.* 2010; 397: 3079-3088.
22) van den Top HJ, Gerssen A, McCarron P, van Egmond HP. Quantitative determination of marine lipophilic toxins in mussels, oysters and cockles using liquid chromatography-mass spectrometry: inter-laboratory validation study. *Food Addit Contam. Part A.* 2011; 28: 1745-1757.
23) These A, Klemm C, Nausch I, Uhlig S. Results of a European interlaboratory method validation study for the quantitative determination of lipophilic marine biotoxins in raw and cooked shellfish based on high-performance liquid chromatography-tandem mass spectrometry. Part I: collaborative study. *Anal. Bioanal. Chem.* 2011; 399: 1245-1256.
24) Goto H, Igarashi T, Yamamoto M, Yasuda M, Sekiguchi R, Watai M, Tanno K, Yasumoto T. Quantitative determination of marine toxins associated with diarrhetic shellfish poisoning by liquid chromatography coupled with mass spectrometry. *J. Chromatogr. A.* 2001; 907: 181-189.
25) Gerssen A, McElhinney MA, Mulder PP, Bire R, Hess P, de Boer J. Solid phase extraction for removal of matrix effects in lipophilic marine toxin analysis by liquid chromatography-tandem mass spectrometry. *Anal. Bioanal. Chem.* 2009; 394: 1213-1226.
26) Fux E, McMillan D, Bire R, Hess P. Development of an ultra-performance liquid chromatography-mass spectrometry method for the detection of lipophilic marine toxins. *J. Chromatogr. A.* 2007; 1157: 273-280.
27) Fux E, Rode D, Bire R, Hess P. Approaches to the evaluation of matrix effects in the liquid chromatography-mass spectrometry (LC-MS) analysis of three regulated lipophilic toxin groups in mussel matrix (*Mytilus edulis*). *Food Addit Contam. Part A.* 2008; 25: 1024-1032.
28) Suzuki T, Beuzenberg V, Mackenzie L, Quilliam MA. Discovery of okadaic acid esters in the toxic dinoflagellate *Dinophysis acuta* from New Zealand using liquid chromatography/tandem mass spectrometry. *Rapid. Commu. Mass Spectrom.* 2004; 18: 1131-1138.
29) Dell'Aversano C, Hess P, Quilliam M. Hydrophilic interaction liquid chromatography-mass spectrometry for the analysis of paralytic shellfish poisoning (PSP) toxins. *J. Chromatogr. A.* 2005; 1081: 190-201.
30) Watanabe R, Matsushima R, Harada T, Oikawa H, Murata M, Suzuki T. Quantitative determination of paralytic shellfish toxins in cultured toxic algae by LC-MS/MS. *Food Addit Contam. Part A.* 2013; 30: 1351-1357.
31) Quilliam MA, Xie M, Hardstaf WR. Rapid extraction and cleanup for liquid chromatographic determination of domoic acid in unsalted seafood. *J. AOAC Int.* 1995; 78: 543-554.
32) Chu FS, Fan TSL. Indirect enzyme-linked immunosorbent assay for saxitoxin in shellfish. *J. AOAC Int.* 1985; 68: 13-16.
33) Chu FS, Huang X, Hall S. Production and characterization of antibodies against neosaxitoxin. *J. AOAC Int.* 1992; 75: 341-345.
34) Hack R, Renz V, Martlbauer E, Terplan G. A monoclonal antibody to saxitoxin. *Food Agric. Immun.* 1990; 2: 47-48.
35) Huang X, Hsu KH, Chu FS. Direct competitive enzyme-linked immunosorbent assay for saxitoxin and neosaxitoxin. *J. Agric.*

Food Chem 1996; 44: 1029-1035.
36) Usleber E, Schneider E, Terplan G. Direct enzyme immunoassay in microtitration plate and test strip format for the detection of saxitoxin in shellfish. *Letters in Applied Microbiology* 1991; 13: 275-277.
37) Kawatsu K, Hamano Y, Sugiyama A, Hashizume K, Noguchi T. Development and application of an enzyme immunoassay based on a monoclonal antibody against gonyautoxin components of paralytic shellfish poisoning toxins. *J. Food Protect.* 2002; 65: 1304-1308.
38) Sato S, Takata Y, Kondo S, Kotoda A, Hongo N, Kodama M. Quantitative ELISA kit for paralytic shellfish toxins coupled with sample pretreatment. *J. AOAC Int.* 2004; 97: 339-344.
39) Bialojan C, Takai A. Inhibitory effect of a marine-sponge toxin, okadaic acid, on protein phosphatases. Specificity and kinetics. *Biochm. J.* 1988; 256: 283-290.
40) Takai A, Mieskes G. Inhibitory effect of okadaic acid on the p-nitrophenyl phosphate phosphatases activity of protein phosphatases. *Biochm. J.* 1991; 275: 233-239.
41) Tubaro A, Florio C, Luxich E, Sosa S, Della Logia R, Yasumoto T. A protein phosphatase 2A inhibition assay for a fist and sensitive assessment of okadaic acid contamination in mussels. *Toxicon* 1996; 34: 743-752.
42) Mountfort DO, Suzuki T, Truman P. Protein phosphatase inhibition assay adapted for determination of total DSP in contaminated mussels. *Toxicon* 2001; 39: 383-390.

4章　簡易測定法などを用いた貝毒のスクリーニング例

上 野 健 一[*1]・島 田 小 愛[*2]・高 坂 祐 樹[*3]

§1. 蛍光HPLC法およびELISAを用いたホタテガイの麻痺性貝毒モニタリング

1・1　麻痺性貝毒の監視体制：公定法（通知法）とその現状

　わが国において，食品衛生法により規制される二枚貝の麻痺性貝毒は動物実験によるマウス毒性試験法で判定され，公定法として定められている[1]．この検査法は二枚貝試料から抽出した麻痺性貝毒をマウスへ腹腔内投与し，マウスの致死時間と体重から試料の麻痺性貝毒の毒力を算出する．この検査法は国際的に公定法として認められている AOAC 法（959.08）に準拠したものであるが[2]，AOAC 法と異なる点はサキシトキシン（STX）による毒力の標準化を行わない点である．わが国では 1995 年に STX が化学兵器に指定され「化学兵器の禁止及び特定物質の規制等に関する法律」（化学兵器禁止法）により，厳格な管理下でのみ STX の製造・使用が許可されるため，事実上使用が難しい．現在では法的規制がないデカルバモイルサキシトキシン（dcSTX）による毒力の標準化を用いて，一般財団法人食品薬品安全センター秦野研究所による麻痺性貝毒検査の食品衛生外部精度管理調査で公定法の検査精度が担保されている．

　公定法は，国内の監視体制が整備された 1970 年代半ば以降，現在に至るまで 40 年以上にわたり二枚貝の安全性確保に十分な実績を上げているが，最近になって国内外で実験動物の使用を抑制する動きがある．この背景には，わが国では動物実験に対する社会の関心の高まりに伴い，2005 年に「動物の愛護及び管理に関する法律」（以下，動物愛護管理法）が改正され，動物愛護管理

[*1] 北海道立衛生研究所
[*2] 熊本県水産研究センター
[*3] 地方独立行政法人青森県産業技術センター

法に動物実験における 3R（Replacement：代替法の利用，Reduction：使用動物数の削減，Refinement：苦痛の軽減）の原則が組み込まれ，3R が法的に義務づけられたことや[3,4]，マウス毒性試験よりも高感度かつ高精度に麻痺性貝毒を検出できる蛍光 HPLC 法（AOAC 2005.06，AOAC 2011.02）や受容体結合実験法（AOAC 2011.27）などの代替検査法が開発されていることが挙げられる[2]．これらの AOAC 法[2]に収載されている麻痺性貝毒検査法以外にも ELISA などの簡易測定法や液体クロマトグラフィー／タンデム質量分析法による検査法が開発されている．

ここでは動物実験における 3R の趣旨を踏まえ，代替法の利用および使用動物数の削減という観点からマウス毒性試験の代替検査法としての蛍光 HPLC 法と ELISA による麻痺性貝毒モニタリングの可能性について紹介する．

1・2 蛍光HPLC法によるホタテガイの麻痺性貝毒モニタリング

蛍光 HPLC 法を二枚貝の麻痺性貝毒のモニタリングへ導入することは試料に含まれる毒の基礎的情報を知るうえで実用的な分析法である．蛍光 HPLC 法はマウス毒性試験に比べて特異的かつ高感度であり，プレカラム法（AOAC 2005.06）とポストカラム法（AOAC 2011.02）に分けられている[2]．貝毒モニタリングにはプレカラム法がイギリスで，ポストカラム法はカナダで導入されている[5]．わが国では，Oshima[6]のポストカラム法が普及しており，国立研究開発法人水産研究・教育機構 中央水産研究所による貝毒分析研修会でも指導されているため，貝毒モニタリングへの実用性が高い．

ここでは，マウス毒性試験で貝毒モニタリングを実施したホタテガイについて，蛍光 HPLC（ポストカラム）法により麻痺性貝毒を個別分析した例を紹介する．分析に際し，貝毒の認証標準物質（Certified Reference Material：CRM）はカナダ National Research Council（NRC）製の市販品（NRC CRM-C1&C2，CRM-GTX1&4，CRM-GTX2&3，CRM-GTX5，CRM-dcGTX2&3，CRM-neoSTX，CRM-dcneoSTX，CRM-dcSTX）およびアメリカ Food and Drug Administration（FDA）より分与を受けた FDA Reference Standard Saxitoxin（FDA-STX）の計 13 成分を使用した．

定点における北海道産ホタテガイの麻痺性貝毒の月別推移の代表例を図 4・1 に示す．HPLC 分析による麻痺性貝毒量の変化は，マウス毒性試験による毒力

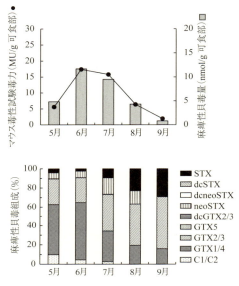

図4・1 定点におけるホタテガイの麻痺性貝毒のマウス毒性試験毒力とHPLC分析による麻痺性貝毒量および麻痺性貝毒組成の月別推移

の推移とよく一致していた（図4・1上段）．また，毒化したホタテガイはGTX1/4を主成分とし，微量のC1/2, neoSTX, STXを含んでいた．貝毒が上昇する時期ではGTX1/4の割合がGTX2/3よりも高い傾向が認められ，下降する時期ではGTX1/4の割合がGTX2/3よりも低い傾向と，neoSTXおよびSTXが高くなる傾向が認められた（図4・1下段）．HPLCで分析した試料中の各毒量にその毒特有の比毒性を乗じて，ホタテガイのHPLC推定毒力を算出した．

ホタテガイにおけるマウス毒性試験毒力とHPLC推定毒力との相関性を図4・2に示す．マウス毒性試験毒力とHPLC推定毒力との間には極めて高い正相関が認められた（図4・2上段）．両者の毒力はほぼ1：1で対応しており，大島，濱野[7]の分析例ともよく一致していた．貝毒モニタリングによる規制の観点から食品衛生法の規制値[8]（可食部4 MU/g）周辺の結果を図4・2下段に拡大して示す．HPLC法の分析感度のよさを反映して，マウス毒性試験では不検出となった試料からも毒が検出されている．さらに，重要なことはマウス毒性試験毒力が規制値を超過（＞4 MU/g）しながら，HPLCの結果が4 MU/g未満となる偽陰性の試料が一つも認められなかった点である．

北海道や宮城県では麻痺性貝毒の急激な上昇に備え，食品衛生法の規制値を下回る自粛値（可食部3 MU/g）を設定しており，この値を超過した場合，生産者が二枚貝の出荷を自粛する貝毒の二段階規制を導入している．そこで，HPLC法の結果を自粛値についても検討したところ，マウス毒性試験毒力が自

粛値を超過（> 3 MU/g）し，かつ，HPLC推定毒力が 3 MU/g 未満となる偽陰性となる試料は一つも認められなかった．

このことから，ポストカラム蛍光HPLC法がマウス毒性試験の代替検査法として貝毒モニタリングに十分適用可能なことが示唆された．

1・3　ELISAによるホタテガイの麻痺性貝毒モニタリング

ELISAを貝毒モニタリングに導入するメリットは大きい．ELISAは検出感度が極めて高く，加えて簡便かつ迅速であり，一度に多数検体の分析が可能である．この特性を利用してスクリーニング法へ利用できる可能性は極めて高い．麻痺性貝毒は

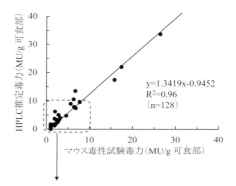
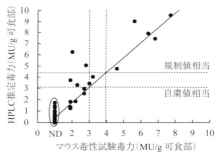

図4・2　北海道産ホタテガイにおける麻痺性貝毒のマウス毒性試験毒力とHPLC分析による推定毒力の相関性
ND：マウス毒性試験不検出（以下同）．

複数の成分を含み，毒の強さは成分間で大きく異なる．抗原抗体反応を利用したELISAは毒成分により反応性が異なる性質を有することから，麻痺性貝毒のELISAによる定量は困難とされてきた．しかし近年，北里大学海洋生命科学部が開発した麻痺性貝毒に高い親和性を示す抗体に基づくELISAキットSKitは，試料を独自の方法で前処理することでこのような問題を解決した定量性に優れたキットである[9]．

ここでは公定法による貝毒モニタリングを実施したホタテガイについて，市販のSKit（新日本検定協会製）を用いて麻痺性貝毒を定量した例を紹介する．定点における北海道産ホタテガイの麻痺性貝毒の月別推移の代表例を図4・3に示す．ELISA分析による麻痺性貝毒量の変化は，マウス毒性試験による毒

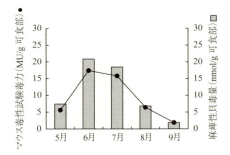

図4・3 定点におけるホタテガイの麻痺性貝毒の
マウス毒性試験毒力とSKitによる麻痺性
貝毒量の月別推移

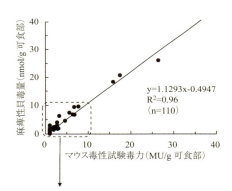

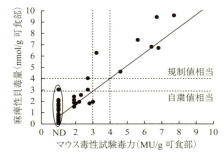

図4・4 北海道産ホタテガイにおける麻痺性貝毒
のマウス毒性試験毒力とSKitによる麻痺
性貝毒量の相関性

力の推移とよく一致していた（図4・3）.

マウス毒性試験毒力とSKitによる麻痺性貝毒量との相関性を図4・4に示す. 両者の間には極めて高い正相関が認められた（図4・4上段）. 貝毒モニタリングおよび規制の観点から, 食品衛生法の規制値である4 MU/g周辺の結果を図4・4下段に拡大して示す. ELISAの検出感度のよさを反映して, マウス毒性試験では不検出となった試料からも毒が検出されている. さらに, マウス毒性試験毒力が規制値を超過（＞4 MU/g）し, かつ, SKitによる麻痺性貝毒量がマウス毒性試験4 MU/g相当量未満の偽陰性となる試料は一つも認められなかった. また, SKitによる自粛値について調査したところ, マウス毒性試験毒力が自粛値を超過（＞3 MU/g）し, かつ, SKitによる麻痺性貝毒量がマウス毒性試験3 MU/g相当量未満の偽陰性となる試料は一つも認められなかった.

このことは, ここで用いたELISAがマウス毒性試験に代わる検査法として適用可能なことを示唆している. また, ELISAを

貝毒モニタリングに用いた場合のスクリーニング基準値の設定に関しては，貝毒監視の強化開始となるマウス毒性試験 2 MU/g に相当する毒力を採用し，この基準値を超過した試料についてマウス毒性試験で毒力を確認，判断することで安全性を確保できることが推察される．

1・4 より高度で安全な麻痺性貝毒モニタリング体制に向けて

ELISA を貝毒検査のスクリーニング試験として用いる場合，スクリーニング基準値は安全性を考慮して，食品衛生法の規制値に相当する規制基準値を超えないと保証できる値に設定しなければならない．このスクリーニング基準値は，貝毒監視の強化開始となるマウス毒性試験 2 MU/g（可食部）[10] に相当する毒力に設定することで十分スクリーニング試験として機能すると考えられる．二枚貝などの毒量がスクリーニング基準値を超過しない場合は安全と判定して出荷流通させ，スクリーニング基準値を超過した陽性検体についてはマウス毒性試験で毒力を確認した後，最終的な可否を判断することで，マウス毒性試験に用いる動物数を削減できるだけではなく，より迅速できめ細かい検査が可能となり，二枚貝の安全性の確保にも貢献できる[11]．この ELISA にマウス毒性試験を補完する検査法としても期待が寄せられる．

さらに，マウス毒性試験に代わり，HPLC 法で貝毒の確定検査を実施すれば，動物実験に依存しない麻痺性貝毒の検査体制を実現することも可能である．HPLC 蛍光法は AOAC 法にも収載されており[2]，すでに他国でも貝毒モニタリングに導入されていることからも[5]，将来的にはわが国においてもこのような検査体制に移行することも予想される．また，毒化の可能性が低い時期や海域において採取された二枚貝の検査に，HPLC 法や ELISA を利用することで業務の効率化やマウス毒性試験における使用動物数を減らすことが可能であるため，代替検査法としての利用価値は極めて高い．

§2. ELISAによる熊本県産二枚貝の麻痺性貝毒モニタリング

熊本県では，代替試験法の一つである ELISA を用いて，天然のアサリ，カキに発生する麻痺性貝毒被害防止のため貝毒モニタリングを行っている．

2・1 ELISAを導入した経緯

2007 年までは貝毒原因プランクトン調査により毒化原因種を確認するとと

もにマウス毒性試験法による調査を行ってきた．しかし，本県海域では貝毒原因プランクトン密度と公定法の検査結果との相関性が低く，プランクトン密度から毒力を推定することが困難であった[12]．また，貝毒原因プランクトン密度の確認，対象海域内の二枚貝採取，検査機関への検体発送，および公定法による検査までには最短でも4日程度を要していたため，その間に毒化が進行し現場が混乱するなど，迅速な行政対応に課題が残っていた．

そこで，2005～2006年にかけ，貝毒原因プランクトン調査に替わる1次スクリーニング法として，市販のELISAキットであるRIDASCREEN FAST PSP（R-Biopham社製）を使用し，ELISAによるモニタリングが本県海域に導入可能であるかを検討した[12]．

その結果，ELISAでの結果と公定法での結果には高い相関が見られるとともに，公定法では検出限界以下の毒力であっても，ELISAは希釈倍率を変えることにより約0.1 MU/gまで測定可能であることが確認された．さらに，ELISAでの分析は2時間程度であり，公定法の検査結果が出るまでにかかる日数を2日に短縮することができた．

また，本県海域におけるELISAの分析結果は，毒組成の構成割合の差異により1/2～2倍程度の誤差を生じる可能性が確認されたため，その誤差を考慮したスクリーニング基準値を設定し，2007年よりELISAを麻痺性貝毒モニタリングのスクリーニング検査法として導入した．

2・2　ELISAの有用性の検証

2009～2010年にかけては，RIDASCREEN FAST PSPに加え，大阪府立公衆衛生研究所が開発したELISAキット（PSP-ELISA）の2種類のキットを用いて毒力を推定し，公定法との相関性について検証を行った[*4]．RIDASCREEN FAST PSPはSTX群に反応性が高いのに対し，PSP-ELISAはGTX群やC群にも反応性が高い点が特徴であるが，両キットとも標準液がないため，現場の毒化検体を毒組成も考慮しながら，代替標準液として選定する必要がある（表4・1）．本県の場合，毒化したカキ抽出液（公定法値：4.0 MU/g，毒組成：C群57％，GTX群38％，STX群5％）を代替標準液とした．検証に用いた検体は，

[*4] 篠﨑貴史ら．麻痺性貝毒簡易測定キットを用いたスクリーニング検査の検討－I ELISAの実証実験と公定法との相関性．平成23年度日本水産学会春季大会講演要旨集 2011: 104.

2007～2010年に毒化が確認された海域のカキを用いた.

その結果,両キットで求めた毒力は公定法の毒力とほぼ一致し,同様に推移した(図4·5).また,それぞれのキットで求めた毒力と公定法での毒力には高い相関が見られた(図4·6, 4·7).

ELISAで毒力の定量を行う場合,代替標準液と検体の毒組成比が類似することが前提であるため,毒組成に変動が生じた場合には,公定法とELISAの検査結果の間に誤差が生じ,公定法で4 MU/gを超える検体をそれ以下と判定してしまう偽陰性検体の発生が懸念される[11].そのため,ELISAをスクリーニングとして用いる場合には,公定法との結果の差を考慮した安全係数の設定が重要である[7].熊本県海域のELISAでの値は,公定法の値から1/2～2倍の

表4·1 検討に使用した2種類のキットの特徴

	RIDASCREEN FAST PSP	PSP-ELISA
特徴	ポリクロナール抗体	モノクロナール抗体
市販化	されている	されていない
標準液	なし	なし
反応性	STX群など	GTX群, C群など

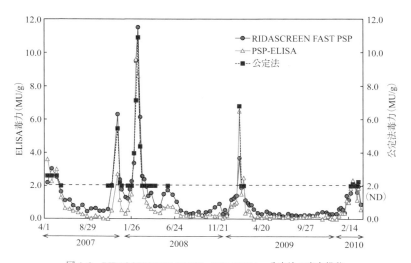

図4·5 RIDASCREEN FAST PSP, PSP-ELISA, 公定法の毒力推移

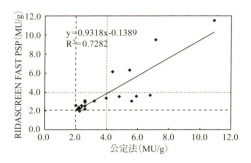

図4・6 公定法および RIDASCREEN FAST PSP の相関

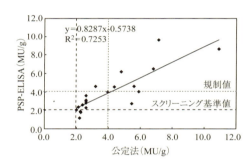

図4・7 公定法および PSP-ELISA の相関

乖離があることから，本県ではスクリーニング基準値を2 MU/g と設定した．この基準値未満であれば，両キットともに食品衛生法の規制値である4 MU/g を超えた検体を確実に排除でき（図4・6，4・7），スクリーニングとして有効に利用できることが確認された．

また，ELISA をスクリーニングに使用することによって，ELISA で基準値を超えた検体のみ公定法試験を実施するため，マウス使用量を4割程度低減でき，動物愛護の観点からも有用性が高いことが示唆された．

なお，本県海域における毒化検体の毒組成は，C 群および GTX 群の割合が高いことから，同毒群に高い交差反応性を示す PSP-ELISA を用いて 2010 年から，モニタリングを実施している．その作業体制の詳細を次項で説明する．

2・3 ELISA導入後のモニタリング体制の流れ

採取した検体（アサリ，カキ）について，ELISA で検査を行い，そこで 2 MU/g を超過した場合にはマウス毒性試験を実施する．公定法により 4 MU/g を超過した場合には，漁業関係者に出荷自主規制の要請を行う．ELISA で 2 MU/g 以下，あるいは公定法により 4 MU/g 以下となった場合には，ELISA によるモニタリングを継続する．

この ELISA を用いた麻痺性貝毒のモニタリングについては，本県の水産関係危機管理マニュアルを定め，現在運用を行っており，県民や水産関係機関へ

の迅速な情報提供に寄与している．

また，公定法とELISAとの結果に差が生じていないかを確認するため，毒化が確認されなかった検体についても定期的に公定法による検査を行っている．現在まで2 MU/gのスクリーニング値で問題は発生していないが，海域内の毒組成の変化が生じた場合には，代替標準液の変更やスクリーニング基準値の見直しなどが必要となる．

2・4　ELISA導入後のモニタリング調査

本県では，1994年に養殖ヒオウギガイで毒化が確認されて以降，天草地区の一部海域でほぼ毎年麻痺性貝毒が発生している．過去5年間の様子を見ると，2012年1月には113 MU/g，2015年2月には433 MU/gと高毒化する事態が発生した（図4・8）．

ELISAの利点の一つは，公定法では検出できない2 MU/g以下の毒力であっても測定ができる点である．実際に，毒化が起こる前にはELISAでの検査値がわずかに上昇するなどの変化が見られており，毒化の予兆を確認することができていた（図4・8）．また，その変化を確認した時点で，現場へ事前に注意喚起を行えるため，規制値を超える毒化が発生した場合には混乱を起こすこと

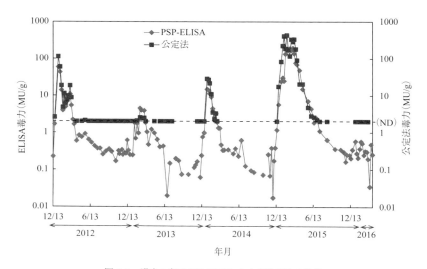

図4・8　過去5年のPSP-ELISAおよび公定法の結果

なく迅速に対応し，未然に被害防止を図ることができた．この結果，本県産の流通後の二枚貝において，現在まで一度も食中毒事故を起こしていない．さらに，ELISAで2 MU/g以下かつ公定法で4 MU/g以上と判定される検体は確認されていないことから，ELISAによる貝毒モニタリングは有効に機能していると結論できる．

§3. 蛍光HPLC法によるホタテガイの下痢性貝毒モニタリング

2015年3月6日付けの厚生労働省通知で，下痢性貝毒の公定法がマウス毒性試験法から機器分析法へと移行し，その規制値も0.16 mg/kg（オカダ酸（OA）当量）と定められた．この通知では，分析法を限定せずに必要とする性能基準を記載し，分析操作例としてLC/MS/MSを用いた方法を示している．このLC/MS/MS法は精度・感度ともに高く，諸外国でも公定法に用いられている分析法である．その反面，機器が非常に高額なため，検査費用が従来のマウス毒性試験よりも高くなることが多い．一方，蛍光HPLC法[13]を改良し，煩雑な前処理をスイッチングバルブを使って自動化した蛍光HPLCカラムスイッチング法（以下，原法）を内田ら[14]が開発した．原法で使用するHPLCは比較的安価で，所有機関が多い汎用機器である．しかし，モニタリングの検査法としては実用性に課題があった．本節では，モニタリングも使用できるように実用性が高いものに改良したので紹介する．

3・1 蛍光HPLCカラムスイッチング法（原法）の原理

原法は，移動相と呼ばれる溶液をポンプで流し，サンプルを注入した後，充填剤の入ったカラムを通過させる（図4・9）．逆相クロマトグラフィーでは，成分ごとの充填剤に対する分配作用の強弱で，カラムの通過時間が異なる．この性質を利用し，目的成分を夾雑物から分離し，蛍光検出器で定量する．原法は，1本目の前処理カラムで分離した後に，スイッチングバルブで必要な成分を含む画分だけを濃縮カラムに取り込み，その他の不要な画分は廃棄する．取り込んだ画分は別の性質をもつ分析カラムで再度，分離した後，蛍光検出器で検出・定量する．下痢性貝毒成分であるOAとジノフィシストキシン1（DTX1）を，原法ではそれぞれ1成分ずつ定量する．国内で検出される下痢性貝毒はOA，DTX1とそれぞれのエステル化合物であるため，事前に加水分解するこ

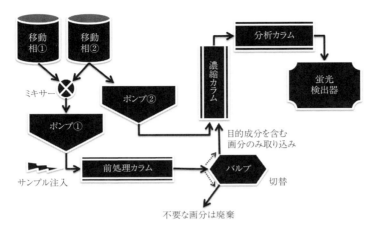

図 4·9　蛍光 HPLC カラムスイッチング法の原理

とで，下痢性貝毒成分全量を測ることができる．

3·2　原法の課題と改良法

モニタリングの検査法としての実用性を考慮した場合，主な課題としては，試薬使用量が多いことと分析時間が長いことが挙げられる．試薬使用量は移動相の流速がポンプ2台合わせて毎分 3 mL と速いため，それに比例してアセトニトリルなどの使用量が多い．また，分析時間の長さは，1回の分析に 30 分要することと，1回で1成分しか分析できないため，1サンプルにつき2回分析が必要なことに起因する．改良法ではこれらの課題の解消と簡便性の向上のために，カラムの種類やサイズ，移動相の組成，混合割合や流速などを様々な条件で検討した．具体的な条件は特許の取り扱いにかかわるため割愛する．

3·3　目的成分の単離と定量

原法は HPLC 用のカラムを使用しているため，とくに前処理カラムは耐圧が弱く，また，使用可能な圧力範囲内であっても，分析中の圧力変化により破損することがあった．そのため，改良法では高耐圧のカラムを使用したうえで，分析条件を調整した結果，超高圧下（UHPLC）における OA，DTX1 の単離に成功した．この2成分のピークは，原法と同様にそれぞれ大きなピークのすそ野に形成された．分析件数はまだ少ないものの，ホタテガイ，ムラサキイ

ガイ,アサリで添加回収試験を実施した.ホタテガイの一例では,2成分の毒量が可食部換算で 0.006～0.063 mg/kg の範囲において,真度は 89～117％であり,公定法の性能基準である 70～120％の範囲内に収まった.

3・4 OA, DTX1の同時分析

2成分を一度の分析で定量するためには,それぞれの成分の出現する時間でバルブを操作し,二度取り込みを行うことになる.しかし,原法の条件を用いてこのような操作を行うと,先に取り込んだ OA と,その後に取り込んだ DTX1 の夾雑物が重なってしまい,定量が困難であった.改良法では分析条件を調整し,一度の分析で 2 成分の定量が可能となった(図 4・10).これにより,2 成分目のカラムスイッチング後の保持時間の確認や設定,分析の手順が不要となり,分析時間と作業の大幅な削減が可能となった.

3・5 分析時間の短縮とコストの節減

実際のモニタリングを想定し,8 検体の検査(以下,想定検査)について分析時間を推定した(表 4・2).原法では想定検査に合計約 16 時間を要し,成分切り替えのために必要な手作業を考慮すると,機器分析だけで丸 2 日間かかると見込まれた.別途サンプルの前処理を行う時間も必要なため,検査全体にかかる時間は最短で 3 日間となると考えられた.改良法では 1 回の分析時間が原法の半分の 15 分で,2 成分同時に分析するため,想定検査にかかる時間

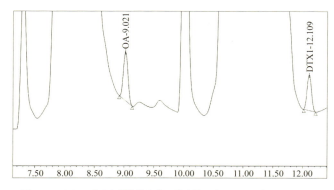

図 4・10 ホタテガイ中腸腺抽出液の改良法によるクロマトグラム
公定法にて下痢性貝毒が不検出の検体に,可食部換算で 0.032 mg/kg の OA および DTX1 を添加した.

4章 簡易測定法などを用いた貝毒のスクリーニング例 71

表 4・2 想定検査における原法と改良法の所要時間

操作	所要時間（min）			
	原法			改良法
	OA	DTX1	合計	2成分
カラム馴致（加圧操作のみ）	30	－*	30	15
平衡化（プレップ含む）	60	－*	60	30
前処理カラム保持時間確認	90	－*	90	45
分析カラム保持時間確認	60	60	120	30
分析（検体8本＋標準品3本）	330	330	660	165
合計			960	285

* A と共用の操作である．

は5時間と原法の3分の1以下となった．午前中にサンプル処理を終えて昼までに分析を開始すれば，検査期間は最短で1日になると考えられた．ポンプの流速と分析時間から推定した想定検査におけるアセトニトリルの使用量は，原法に比べ約10分の1となり，1検体当たりの金額は100円程度であった．これらのことから，改良法は分析時間と費用などの実用性が飛躍的に向上した．

　改良法は超高圧で分析ができる UHPLC を用いて分析を行った．しかし，同じ性質の HPLC 用のカラムを用いれば，1分析当たりの時間は長くなるものの，HPLC でも分析が可能と考えられる．また，スクリーニング法を想定して開発してきたが，今後の検証で必要な性能基準を満たせば，公定法として検査ができる．いずれにしても改良法を用いることにより，より安価に貝毒検査を実施することが可能となる．また，貝毒研究分野においても高価な LC/MS/MS を所有できない機関が，自前で毒量を測定する手段をもつことができる．

文　献

1) 厚生省環境衛生局乳肉衛生課長．貝毒の検査法等について．環乳第30号．昭和55年7月1日．
2) AOAC Official Method 959.08. Paralytic Shellfish Poison. Biological Method. *Official Methods of Analysis.* 19th Edn. Vol. II. AOAC INTERNATIONAL. 2012.
3) 大野泰雄．日本薬理学会の奨める動物実験—苦痛の評価と軽減—「はじめに」および日本薬理学会の新動物実験指針．日薬理誌 2007; 129: 5-9.
4) 鍵山直子．動物実験の倫理指針と運用の実際．日薬理誌 2008; 131: 187-193.
5) 鈴木敏之．貝毒の規制値，監視体制と機器分析．食衛誌 2016; 57: 117-132.
6) Oshima Y. Postcolumn derivatization liquid

chromatographic method for paralytic shellfish toxins. *J. AOAC Int.* 1995; 78: 528-532.

7) 大島泰克, 濱野米一. 麻痺性貝毒のモニタリング.「貝毒研究の最先端 − 現状と展望」(今井一郎, 福代康夫, 広石伸互編) 恒星社厚生閣. 2007; 19-29.

8) 厚生労働省医薬食品局食品安全部長. 麻痺性貝毒等により毒化した貝類の取扱いについて. 食安発 0306 第 1 号. 平成 27 年 3 月 6 日.

9) Sato S, Takata Y, Kondo S, Kotoda A, Hongo N, Kodama M. Quantitative ELISA Kit for Paralytic Shellfish Toxins Coupled with Sample Pretreatment. *J. AOAC Int.* 2014; 97: 339-344.

10) 農林水産省消費・安全局長. 生産海域における貝毒の監視及び管理措置について. 26 消安第 6073 号. 平成 27 年 3 月 6 日.

11) 篠﨑貴史, 渡邊龍一, 川津健太郎, 櫻田清成, 髙日新也, 上野健一, 松嶋良次, 鈴木敏之. 麻痺性貝毒簡易検出キット（PSP-ELISA）を用いた貝毒モニタリングシステムの有効性. 食衛誌 2013; 54: 397-401.

12) 向井宏比古. 熊本県海域における麻痺性貝毒モニタリングへのスクリーニングとしての ELISA 法（サキシトキシン定量キット）の利用について. 熊本県水産研究センター研究報告 8 号 2008; 73-79.

13) Lee JS, Yanagi T, Kenma R, T Yasumoto. Fluorometric determination of diarrhetic shellfish toxins by high-performance liquid chromatography. *Agric. Biol. Chem.* 1987; 51: 877-881.

14) Uchida H, Watanabe R, Matsushima R, Uchida N, Nagai H, Kamio M, Murata M, Yasumoto T, Suzuki T. A convenient HPLC method for detection of okadaic acid analogues as 9-amthrylmethyl esters with automated sample cleanup by column switching. *J. AOAC Int.* 2014; 97: 391-397.

5章　貝毒標準物質の製造技術

及 川　寛[*1]・渡 邊 龍 一[*1]・高 津 章 子[*2]

　2015年に下痢性貝毒検査法が生物試験から機器分析に移行し，麻痺性貝毒についても機器分析を含めた分析法をスクリーニング法として採用することが可能となった．生物試験，簡易試験を含みあらゆる分析には標準物質が必要であるが，とくに精度の高い分析機器を使用するためには高品質の標準物質が必須であり，その供給体制の構築が緊急の課題となっている．

　これまでは水産庁および農水省消費・安全局の事業として，貝毒研究の促進や機器分析の積極的な利用を目指すことなどを目的に，下痢性貝毒，麻痺性貝毒の標準物質を配布してきた．1995年から始められたこの事業は緊急に多種の標準物質を用意しなければならず，予算も限られていた．このため，その精度は必ずしも十分ではなかったが，広く無償で配布したこともあって貝毒研究の進展に大いに役立った．事業の終了とともに製造が中止され，残る在庫が限られている．国際的にはカナダの国立機関（NRC：National Research Council, Halifax Laboratory）が1990年代前半から始めたプログラムによって広範な海産毒の認証標準物質が世界中に頒布されている．業者を通じて国内でも購入可能であるが，高価であり，毒の種類によっては供給が追いつかないことがある．

　このような状況下で筆者らのグループは高品質の標準物質を安定的に供給するための技術開発を進めている．下痢性貝毒については2015年にOA，DTX1の認証標準物質を試作して供給し，2016年からは市販を開始した．このことは，公定法の機器分析への円滑な移行に大いに貢献している．

　貝毒は複雑な構造をもつ天然物であり，その標準物質製造には特有の難しさがある．まず，合成は不可能ではないが，多段階で複雑な反応が必要なため，

[*1] 国立研究開発法人水産研究・教育機構 中央水産研究所
[*2] 国立研究開発法人産業技術総合研究所

現実的ではない．また，これまで貝毒精製の原材料としては主として毒化二枚貝が用いられていたが，安定的に毒化した試料を得られる保証がない．このため手間やコストはかかるが，毒成分の生産者である微細藻類を培養して使うことが安定的に原材料を確保するためには合理的である．しかし，バクテリア，カビなどと異なり，微細藻類の培養効率はかなり低いのでそれなりの工夫が必要となる．一方で，微細藻類を原料として使う利点の一つとしては，二枚貝に比べて毒の精製が容易になることである．

苦労して最終精製品が得られたとしても，それをもとに正確な濃度の溶液を調製する必要がある．少量では重量測定が難しく，麻痺性貝毒のように強い吸湿性を示し，強く乾燥すると分解するものもある．

本章では，下痢性貝毒と麻痺性貝毒について微細藻類の大量培養による原材料の確保から標準毒溶液の濃度決定，さらに認証標準物質の具体的製造法とその意味について解説する．

§1. 藻類の大量培養による標準物質原料の製造
1・1 下痢性貝毒

国内の二枚貝に検出される下痢性貝毒成分はDTX1，DTX3が主であるがOAが検出されることもある（構造は1章参照）．DTX3は加水分解してDTX1に変換して分析し，日本では海外で問題となるDTX2の検出例がないことから，標準物質製造の目標となる成分はOAおよびDTX1である．

下痢性貝毒の毒化原因は渦鞭毛藻の *Dinophysis* 属であり，国内では *Dinophysis fortii* および *Dinophysis acuminata* の2種が主要な原因種とされている．当然これらはDTX1またはOAを生産する．しかし，これらの渦鞭毛藻は従属栄養的生態をもつため，培地に添加する栄養分，光合成のための光照射のほかに動物プランクトンの一種である *Mesodinium rubura* の生細胞を餌生物として与える必要がある[1]．このため *Dinophysis* 属の大量培養は可能ではあるが非常に煩雑な作業となる．

一方，沖縄などサンゴ礁域において，海藻などに付着生活する渦鞭毛藻 *Prorocentrum lima* がOAを生産する種として初めて発見された．その後，ともにDTX1を生産する培養株が報告されたことから，共同研究機関である高

知大学や沖縄県の民間研究機関（トロピカルテクノプラス）とともに日本全国の海藻付着物から *Prorocentrum* 属を分離して培養株を作成し，OA 群の生産をLC/MS/MS を使って調査した．沖縄県で分離した500 株以上をスクリーニングした結果では，全株が OA 群を生産し，うち88％の株では DTX1 の生産も確認した．この結果，OA, DTX1 両成分を生産する *P. lima* 培養株を大量培養することによって，懸案であった DTX1 原料の確保も可能となった．しかし，これまでに検索した株では OA 群中の DTX1 の含有比は最大23％ であり，DTX1 の含有比がそれほど高くないことから，現在も DTX1 の含有比が高い株のスクリーニングを継続して行っている．

　P. lima の大量培養についても検討を進めている．本種はもともと海藻などに付着して生活していることから，人工的に培養した場合には容器底面に付着して増殖する．そのため麻痺性貝毒生産種をはじめとする多くの浮遊性種のように通気培養で大量かつ高密度に培養することができない．そこで，付着面積を大きくするために大型で浅い培養槽を複数個用いることによって大容量の培養を行っている（図 5・1）．また，*P. lima* 代表株の培養条件について，培養温度 20℃と 25℃で比較したところ（図 5・2），細胞内の毒量は培養温度 25℃で高く，培養期間50日以降に最大となり，DTX1 の相対含量も高くなったこと

図 5・1　*Prorocentrum lima* の大容量培養

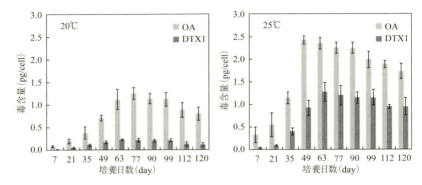

図 5·2 培養温度 20℃ならびに 25℃における *Prorocentrum lima* の細胞毒量の変化

から，25℃で 60 日間の培養を基本としている．100 L の培養で OA，DTX1 合わせて数十 mg が得られる．

2016 年 4 月に販売を開始した OA および DTX1 の認証標準物質では，実際にこの手法で培養した藻体を製造原料として使用している．技術開発は十分に進んだといえるが，今後は継続して生産する体制の構築が問題となる．なお，DTX2 は国内で問題となったことはなく，今回実施したスクリーニングによっても生産株は発見されなかった．一方で，海外への輸出を伴う生産現場では必要な検査対象となる可能性もあるので，DTX2 の認証標準物質の製造が今後検討すべき課題として残されている．

1・2 麻痺性貝毒

麻痺性貝毒は，STX とその類縁体を含む 30 種類以上の成分群の総称である（1 章参照）．毒化原因は *Alexandrium* 属数種と *Gymnodinium catenatum* などの渦鞭毛藻である．国内で毒化した二枚貝に含まれる主要な成分としては 10 種類程度の成分が想定される．麻痺性貝毒のリスク管理に機器分析を導入するには，これら想定される多くの成分の標準物質を製造することが必要であるが，人工的に培養した原因藻を原料として製造することができる．原因藻は，その種によって，あるいは同種であっても株によって含有する毒成分の組成や量が異なる．岩手県大船渡湾で 20 株の *A. tamarense* を分離して調べた結果を図 5·3 に示す．GTX1，GTX4，C1，C2 などが主要成分であるが，株によりその組

成比は大きく異なる. なかには OF-23 株のように, 主要成分として含まれるはずの C1 および C2 を含有せず GTX1, GTX4 の 2 成分のみで 8 割を占めるような株も分離される. また, 大分県の猪串湾で分離した 31 株の *G. catenatum* の毒成分組成を図 5・4 に示すが, *A. tamarense* と異なり GTX5 およ

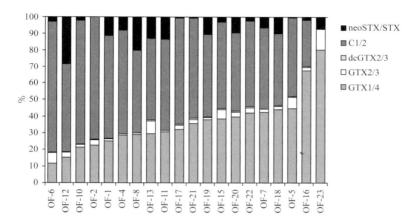

図 5・3　大船渡湾で分離した *Alexandrium tamarense* の毒成分組成

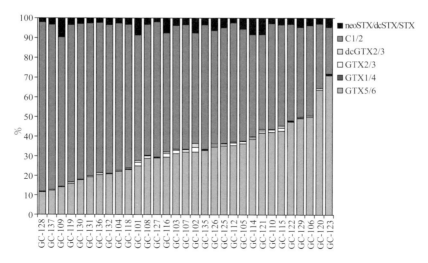

図 5・4　猪串湾で分離した *Gymnodinium catenatum* の毒成分組成

び GTX6 を主要成分として含有し,GC-123 株ではこの 2 成分が 7 割を占めている.また,これらの株の 1 細胞当たりの毒含量を算出してみると,大船渡湾の *A. tamarense*（20 株）では 25.5～194 fmol,猪串湾の *G. catenatum*（31 株）では 115～1100 fmol であり,細胞当たりの毒含量も株により大きく異なることがわかる.以上のことから,効率よく目的の毒成分を得るには,必要な成分をより多く生産する株を選抜して培養に用いることが重要である.次に,培養した藻体を標準物質製造の原料とすることになるが,実際に標準物質を製造するには培養した藻体が大量に必要となる.麻痺性貝毒を生産する渦鞭毛藻類では,小容量であれば静置培養で高密度に培養することが可能であるが,大容量の場合は静置培養で高密度にすることができない.そこで通気による曝気培養を検討し,大型の球状のフラスコ（丸形セパラブルフラスコ,10 L,SCHOTT 製）を用いて通気培養することで（図 5・5）,容易に高密度で培養できることがわかった.図 5・6 にこの手法で *A. tamarense* を培養したときの細胞密度を示すが,最大細胞密度は 45000 cells/mL 以上となり,10 L の培養液から回収した藻体にはミリグラムオーダーの麻痺性貝毒成分を含んでいた.また,連鎖しながら増殖する *G. catenatum* についても培養が可能で,最大細胞密度は 8000 cells/mL 以上となった（図 5・7）.*G. catenatum* の場合は *A. tamarense*

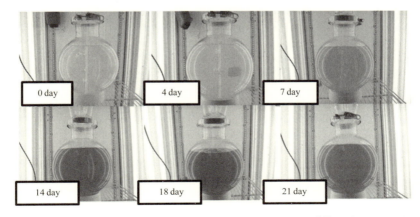

図 5・5　球状フラスコ（丸形セパラブルフラスコ,10 L,SCHOTT 製）による *Alexandrium tamarense* の通気培養

に比べて培養時の細胞密度は低いが，1細胞当たりの毒成分の含有量が高いことから，10 L の培養で同じようにミリグラムオーダーの毒成分が回収できる．これにより A. tamarense 株では少量しか生産されない GTX5 や，ほとんど生産が見られない GTX6 についても培養藻体を原料とした標準物質製造が可能となった．このように，多くの成分は培養株から抽出・精製することで標準物質の製造が可能であるが，培養藻体からは大量に得られない成分もある．例えば毒化した二枚貝でしばしば検出される dcGTX2, dcGTX3, neoSTX および dcSTX といった成分である．これらの成分については，大量に得られる他の成分から化学的な変換により製造する方

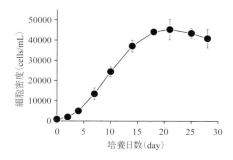

図 5·6　球状フラスコで通気培養した *Alexandrium tamarense* の細胞密度

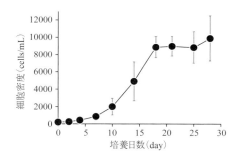

図 5·7　球状フラスコで通気培養した *Gymnodinium catenatum* の細胞密度

法を検討することによって製造可能となった（図 5·8）．このように，現在では培養した藻体を原料として国内で必要とされるほぼすべての麻痺性貝毒成分の標準物質を製造することが可能となった．今後は，新しいガイドラインに沿って，モニタリングやスクリーニングにおいて機器分析の利用が想定されるほか（2 章参照），ヨーロッパを中心に試験法を動物試験から機器分析に代替する動きがいずれ国内にも波及することが予想される．そのため，機器分析に使用する麻痺性貝毒成分の標準物質についても製造体制を国内で構築することは重要な課題の一つと考える．

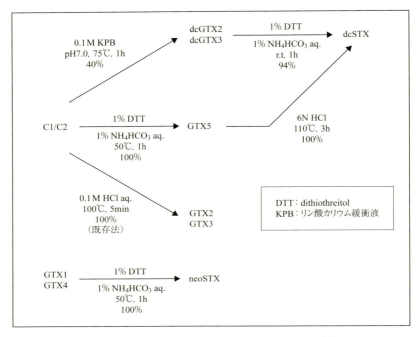

図5・8　標準物質製造のための麻痺性貝毒成分の化学的変換

§2. 貝毒標準物質の定量NMRによる濃度決定

　前節で述べた方法で純度のよい貝毒成分が得られたとして，濃度決定した標準物質をどのように調製するかが次の問題となる．物質の濃度を決定する基本的方法は重量法であるが，得られる量が少なく，不安定な貝毒についてはそのまま適用することができない．そこで，最も有効な手段として核磁気共鳴（Nuclear Magnetic Resonance：NMR）法が考えられる．NMRスペクトルは構造解析などに威力を発揮しているが，2000年代に入って装置の感度や操作性が向上し，コンピュータの処理速度が格段に向上したことで定量測定にも応用が可能になってきている[2]．

　この方法の最もよい点は，次節で詳しく解説するように国際単位系（SI）に基づいた化合物（認証標準物質）を基準とすることができ，これによって濃度決定された化合物はSIにトレーサブルとなる．さらに，数mgで分析可能な

うえ非破壊測定法なので，得られる量が極めて少ない貴重な貝毒成分にとって，最も有効な方法である．

2・1 定量NMRとは

まず，NMR の原理を定量に使われる水素 ^1H についてごく簡単に説明する．^1H の原子核では電荷が原子核の軸上でスピン運動し，これによって軸方向の磁気双極子（核スピン）が生じている．棒磁石にも例えられるこの核はランダムな方向を向いているが，強力な外部磁場が加えられると，一定割合で磁場の方向（低エネルギー状態）あるいは逆らう方向（高エネルギー状態）に配列する．ここにラジオ波領域の電磁波を照射すると，核スピンの配向を変化させるのに必要なエネルギーが供給されて，低エネルギー状態から高エネルギー状態へと押し上げられる．これを「原子核が電磁波と共鳴する」と表現される．2つの状態のエネルギー差は，加えた外部磁場の強度や原子の結合状態（その原子が置かれた構造上の位置）によってわずかに異なる．通常の NMR 分光法では，電磁波パルスを試料に照射して高エネルギー状態にそろえ，そこから平衡状態に戻るまでのエネルギーと時間変化を減衰振動として観測し，これをコンピュータで解析し，フーリエ変換という手法によってシグナル強度を表すスペクトルへと変換する．分子中の各 ^1H の共鳴周波数は，その置かれた化学的環境に依存する．^1H の共鳴周波数の違いを相対的に化学シフト（chemical shift）と呼ぶ単位（ppm）に変えてスペクトルの横軸とする．また，溶媒には分析対象のシグナルの妨害とならないよう，すべての ^1H を重水 D で置換した化合物を使用する．これにより後述する図 5・9〜5・11 に示すような化学構造に対応したスペクトルが得られる．

NMR のシグナル強度は理論的に水素核の数と濃度に比例する．定性スペクトルでは概算で十分であるが，定量では厳密に 1：1 に対応するスペクトルが必要であるので測定条件を精密に調整する必要がある．濃度既知の標準物質のシグナル強度と分析種のシグナル強度を比較することで分析種の濃度を決定する．分析対象と同じ溶液に標準物質を溶かして測定する内標準法と別々のチューブに入れて測定する外標準法に分けられるが，以下に貝毒への利用例を使って説明する．

2・2 内標準法による麻痺性貝毒の定量NMR

麻痺性貝毒はSTXの類縁体群であり,分子量300〜500程度の三環性アルカロイドである.その化学的特徴は,酸や熱には安定であるが,アルカリ条件や乾燥に対しては不安定である.また,水や含水アルコールに対しては易溶であるが,その他有機溶媒には不溶である.これら物性に加え,得られる量が極めて少ないため,溶液状態で非破壊測定が可能な定量NMRは有効である.内標準物質は,分析種とシグナルが重ならないことや,お互いに反応性を示さないことなどが必要な条件である.さらに,定量後容易に除去可能であることも希少な貝毒成分を扱ううえで重要である.これら条件を勘案して内標準物質として tert-butanol を選択した.図5・9に tert-butanol を内標準として含み,4%重酢酸(CD₃COOD)/重水(D_2O)溶液中で測定したGTX6のスペクトルを

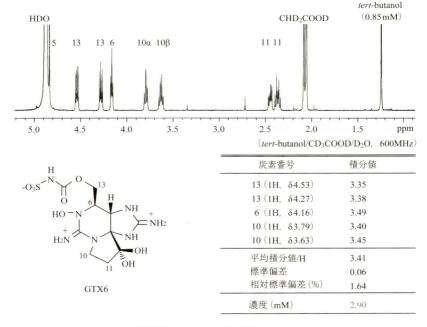

図5・9 麻痺性貝毒GTX6の内標準法によるNMR定量結果
上段:GTX6の定量NMRスペクトル,下段左:GTX6の構造式,下段右:積分値から求めたGTX6の濃度.

例として示す.

　麻痺性貝毒のもつ ^{1}H は少ないため，シグナルは 2.0〜5.5 ppm の範囲で比較的単純なスペクトルを与える．これら ^{1}H のうち，H-5 は溶媒の重水に微量に残存する ^{1}H シグナルと重なるため，また，H-11 は D との交換性があるため定量には使えない．結果として，H-6，H-10，H-13 を定量計算に用いる．

　構造解析などに用いられる定性スペクトルでは効率性を重視した汎用的な条件を使うことが多いが，定量スペクトルではシグナル強度に定量性をもたせるため，一部の測定条件を厳密に設定・変更する必要がある．測定条件として最も重要な要素はパルス照射後に ^{1}H の磁化ベクトルが十分磁化回復するまでの緩和時間（T_1）である．GTX6 の T_1 は最大でも 2 秒未満であるため，パルスシークエンスにおける待ち時間を 5 倍の 11.5 秒とした．また，最大のシグナル強度を得るフリップ角を調べたところ 90 度であった．デジタル分解能を規定するデータ取得時間については 2.2 秒以上でシグナル面積値が一定となったため，この値を使用した．そのほかの測定条件についても詳細に検討を行って得たスペクトル（図 5・9）をもとに濃度計算を行った[3]．内標準の積分値を 9.00（9H）として，GTX6 の 1 ^{1}H 当たりの平均積分値を求めると 3.41 になる．一方，内標準の濃度は 0.85 mM なので，単純に比例計算して GTX6 の濃度を 2.90 mM と求めることができる．このときの 4 ^{1}H 間の相対標準偏差は 1.64%であり，十分な精度を有していることがわかる．

　なお，さらに十分な磁化回復時間をとるため，待ち時間を 30〜60 秒に延長することにより 1 ^{1}H 当たりの積分値がより近くなり，精度の高い定量ができることも判明している．

2・3　外標準法による下痢性貝毒の定量NMR

　下痢性貝毒の OA，DTX1 は分子量約 800 以上のポリエーテル化合物であり，酸やアルカリ，加熱に安定で，メタノールなどの有機溶媒に溶解する．下痢性貝毒も標準物質として使用できる量は限られており，多くても数十 mg 程度である．また，OA，DTX1 のシグナルが 0.8〜6.0 ppm まで幅広く観測されるため（図 5・10），内標準の選択が難しい．次節において説明する認証標準物質の例やピリジンを内標準とした測定例はあるが[4]，ここでは外標準による NMR 定量法[5]を解説する.

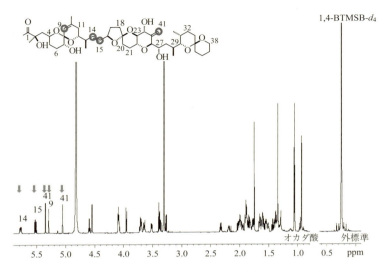

図 5・10　標準 1,4-BTMSB-d_4 とオカダ酸の NMR スペクトル（800 MHz, CD$_3$OD）

　外標準法では濃度既知の標準物質と分析対象を別々のNMRチューブに入れ，それぞれのスペクトルを測定する．標準物質および分析対象で定量に用いるシグナルを選択し，比較することによって濃度を求める．外標準法にもいくつかの方法があるが，ここではPULCON（PUlse Length based CONcentration determination）と称する方法を検討した．図5・11に認証標準物質のマレイン酸を用いて，1-メトキシ-β-D-ガラクトースの濃度を測定した例を示す．異なる溶液の2スペクトル間の信号強度に図5・11中の式に示す相関関係が成り立つことに基づいて，シグナルの絶対強度を使って試料中の濃度を求めることができる．このとき，90度パルスの精確さが定量精度に大きく影響する．PULCONの研究例が少ないことから，OAの濃度測定に先立ちマレイン酸の認証標準物質を外標準として別濃度のマレイン酸溶液（試料）を測定することによって，条件設定を行うとともにこの方法の有効性を検証した．その結果，外標準と分析対象の溶媒が異なっても十分な定量性があること，NMR信号の増幅度合いを慎重に設定する必要があることなどが明らかになった．また，3日間連続分析で調べた日内変動と日間変動も相対標準偏差0.3，0.4％と小さく，

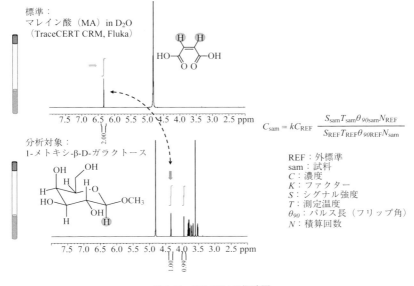

図 5・11　PULCON の概略図

　重量法との比較では 0.5～40 mM の範囲で良好な直線性と精確さが認められた.
　次に，OA について内標準法による測定と併行して実施し，比較することによって PULCON の有効性を探った．標準物質としてどちらも認証標準物質の 1,4-ビストリメチルシリルベンゼン-d_4（1,4-BTMSB-d_4）を用いた．OA の NMR スペクトルではアリファティック領域（0.8～2.4 ppm）とオキシ領域（3.2～4.7 ppm）のシグナル重複が激しいため，定量にはシグナルが比較的分離しているオレフィン領域にある H-9，H-14，H-15，H-41 を用いた（図 5・10）．緩和時間，フリップ角，データ取得時間などの測定パラメータを慎重に調整して測定した．結果を表 5・1 に示すが，内標準法で 352.8±5.1（μg/g, $k=2$）であったのに対し，PULCON では 355.4±6.0（μg/g, $k=2$）であり，内標準法に比して，100.7% であった．このことから，PULCON でも十分に精確な定量が可能であることが判明した．内標準の添加は試料の汚染を意味するものであり，これが避けられる外標準法には得がたい利点がある．今後，麻痺性貝毒の定量にも PULCON を適用していく予定である．

表 5・1　オカダ酸を用いた内標準法と PULCON での定量結果の比較

	値* (μg/g)	調製間差 (％)	シグナル間差 (％)	測定ばらつき (％)	合成標準不確かさ (％)
内標準法	352.8	0.97	0.37	1.02	1.46
PULCON	355.4	0.00	1.57	0.59	1.68

* 対象とした 5 つのシグナルを使い分散分析し，値は調製した 2 本の平均値を示す．

§3. 認証標準物質：下痢性貝毒標準物質を例に

　分析機器の進展には目覚ましいものがあるが，分析機器を利用する化学分析（機器分析）は基本的に濃度が既知の標準物質と未知の試料とを比較測定する「相対測定」である．すなわち，分析機器から得られる出力信号を求める濃度などの分析値とするためには，目盛りのついた「ものさし」となるものが必要であり，化学分析では標準物質がその役割を担うことになる．分析結果には標準物質の値が直接的に反映されるため，校正に用いられた標準物質の信頼性は測定結果の信頼性に直結する．このように，標準物質は，測定機器の校正をはじめとして，分析方法・分析値の正確さの評価，分析精度管理，工程管理などに用いられ，かつ測定の信頼性の確保のための最も重要な要素の一つである．本節では，標準物質，とくに認証標準物質や計量標準の考え方について解説するとともに，機器分析の導入に伴って必須となってきた下痢性貝毒標準液の開発について紹介する．

3・1　計量計測トレーサビリティ

　もし，単位の基準となるものがまちまちであったならば，2 つの値の比較にも困難をきたすであろう．実際には，長さや質量など種々の計測において，国際単位系（SI）[*3] の枠組みの中でそれぞれの基本量の基準となるものが定義されている．一般に利用される測定器を校正する実用標準は，順次上位の標準を経て国際標準・国家標準にさかのぼる体系（計量計測トレーサビリティ）が確立され，このことにより，世界のどこでも例えば同じ質量は同じ単位系で同じ

[*3] 国際単位系（仏 Système international d'unités, 英 International System of Units: SI）は，独立な 7 つの量，すなわち，長さ，質量，時間，電流，熱力学温度，物質量および光度について明確に定義された単位，メートル (m)，キログラム (kg)，秒 (s)，アンペア (A)，ケルビン (K)，モル (mol)，カンデラ (cd) を基礎として構築される．これらの単位を基本単位といい，基本単位以外の単位は複数の基本単位の結合（組立単位）によって定義される．

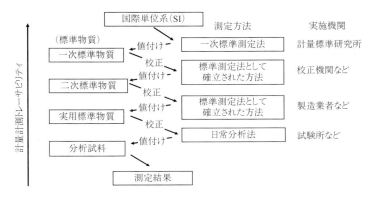

図 5・12　化学分析における計量計測トレーサビリティ

数値で示すことができる．

　計量計測トレーサビリティとは，「不確かさがすべて表記された，切れ目のない比較の連鎖を通じて，通常は国家標準または国際標準である決められた標準に関連づけられ得る測定結果または標準の値の性質」と定義されている[6]．化学分析においては，標準物質に基づいた濃度の計測が行われ，それによって国内外の整合性が保持されている．通常，純度，濃度などを最高精度で測定したガス，液体，固体が最高位の標準となる．図 5・12 に示す例のように，この最高位の（一次）標準物質の値を基準に相対的に測定する分析法を使用して，下位の標準物質の値を決める（値付けを行う）．分析ラボや試験所では，通常使用している分析法を用い，これらの（実用）標準物質の値と比較して試料の分析を行うことにより，各試験所で求められた値は（二次）標準物質，一次標準物質を介して SI につなぐことが可能となる．

3・2　標準物質について

　標準物質はトレーサビリティの確保のために重要な役割を果たすものである．標準物質の定義は「一つ以上の規定特性について，十分均質，かつ，安定であり，測定プロセスでの使用目的に適するように作製された物質」である[7]．また，認証標準物質は，「一つ以上の規定特性について，計量学的に妥当な手順によって値付けされ，規定特性の値およびその不確かさ，ならびに計量学的トレーサビリティを記載した認証書が付いている標準物質」とされている．すな

わち,標準物質には認証標準物質とそれ以外の（認証されていない）標準物質の2種類があることになる．分析結果についてのトレーサビリティの立証が必要である場合には,認証標準物質を使用する必要がある．

　標準物質の使用目的は大きくは,「分析・計測機器の校正」と「分析・計測方法の評価」の2つに分けることができる．このうち校正は分析機器や計測器が与える信号を濃度に変換することが目的であり,検量線作成に用いる標準ガスや標準液が該当する．分析・計測方法の評価の目的には,実際の分析試料と化学組成の似た「組成標準物質」を用いることが有効である．標準物質ごとに使用目的は明示される．

　標準物質を選定する際は,認証項目はもちろん,標準物質の使用目的,マトリックスの類似性,濃度レベル,認証値の不確かさの大きさ,価格,入手のしやすさ,継続性などを考慮して選定する．国内の標準物質供給機関が供給するもののほか,海外の標準研究所などが供給する高品質な認証標準物質も必要に応じて利用されている．いずれにしても,これらの標準物質を適切に利用し,分析値の信頼性確保に役立てることが重要である．

3・3　標準物質の調製方法と値付け方法

　標準物質開発は,おおまかには,試料調製,均質性,安定性などの評価,および値付けのプロセスからなる．調製にあたっては,必要な性質を維持しつつ,均質かつ安定な試料を調製することが必要であり,また,成分や試料によって安定性などの性質が異なるため,滅菌の有無や保管温度などの保管条件が個別に決められる．また,標準物質とするためには,調製した試料について,均質性と安定性の評価が必須である．

　標準物質生産についての国際的なガイドである JIS Q 0035[7] には標準物質の認証方法としては,次のような4つの方法が示されており,分析方法によらない値を付与する場合には①から③が用いられる．

① 単一の機関による,望ましくは2回の反復による,単一の一次標準測定方法．

② 一つの機関による二つ以上の独立した参照方法．

③ 精確さが立証された方法を用いており,既知で容認できる測定の不確かさの評価結果をもつ有資格機関のネットワーク．

④ 単に，特定された方法で評価された特性値を与えるだけの，特定された方法によるアプローチ（試験所間試験）．

このように，標準物質の開発では，正確に測定するための技術の確立とその検証が鍵となる．とくに，純物質標準物質などのトレーサビリティ体系で最上位となる標準物質（図 5・12 の一次標準物質）の値付けには，同じ物質の標準を参照することができない．したがって，一般に絶対測定と呼ばれるような，原理的に正確な測定法が必要となる．メートル条約の下での国際度量衡委員会が設けた化学計量に関する諮問委員会では，国際単位系につながるいわゆる SI トレーサブルな高精度分析法を「一次標準測定法」と呼んでいる．一次標準測定法とは，

① 最高の計量学的な質を有し，
② その方法の操作が完全に記述され理解され，
③ 不確かさを SI 単位を用いて記述される方法

であり[8]，未知の量と同じ量の標準の参照なしで測定する一次直接方法と，同じ量の標準との比を測定する一次比率方法に分けられる．上記の諮問委員会においても合意が得られている一次直接方法として，試料中の物質を単離して質量を測定する重量法，ファラデーの法則に基づき，電気量，質量，時間およびファラデー定数を使って物質量（モル）を正確に決定できる電量分析法，目的成分と化学量論的に反応する別の化合物との量的関係から物質量を求める滴定法，モル凝固点降下度から不純物総量を測定できるという原理に基づく凝固点降下法の 4 つの方法がある．また，試料に標識された測定対象物質を添加して質量分析により比率を測定する同位体希釈質量分析法が一次比率方法とされている．

一方で，§2 で述べた「定量 NMR 法」は，化学シフトの異なる NMR 信号の面積比が信号に寄与する原子の数の比に対応することに基づき，ある信号に寄与する原子数が既知である物質を添加して測定を行い，NMR 信号の面積を比較することで濃度未知の有機化合物の定量を行う方法であり，一次標準測定法の候補として議論や検証が続けられている．定量 NMR 法は幅広い有機化合物への適用が期待されている．

このような一次標準測定法またはその候補となっている方法を軸として標準

物質の値付けを行うことで信頼性の高い標準物質開発を行うことができる．ただし，一次標準測定法は「原理的に正確な方法」であるが，用いればすぐに正しい分析結果が得られるというわけではない．したがって，現実の標準物質の値付けへの適用においては，多くの検証を必要とする．このことも考慮しながら現実の標準物質開発が行われている．

3・4 標準物質の国際相互承認

1875 年，世界共通の計量単位制度が必要であるとの認識に基づき，単位系の確立と国際的な普及を目的としてメートル条約，すなわち，"国際度量衡局（Bureau International des Poids et Mesures：BIPM）を設立し，メートル法を国際的に確立して維持するための多国間条約"が締結された．メートル法といえばキログラム原器（定義変更を目指して現在準備が行われている）やメートル原器（現在では光の進む距離で定義されている）のイメージが強いが，計量標準の分野は 100 年以上も続いた物理量・電磁気量中心の時代から，化学量（標準物質）や工業量（幾何学量・硬さなど）にまで広がり，21 世紀を迎えた今日では生化学・臨床化学・バイオ分野にまで拡大している．とくに，化学分野の計量標準（標準物質）についてはその重要性が強く認識され，さらに対象とする物質や必要とされる標準の種類が多いことから，計量標準の世界においても化学分野は大きな分野に成長しつつある．メートル条約に基づく計量標準分野の新たな動向として，各国の国家計量標準の同等性を確認しあい，発行する校正証明書を相互に受け入れることを目指した活動が展開されている．図 5・13 に示すように，上位の計量標準の国際整合性を確保し，相互に承認することにより，それらにつながる（トレーサビリティのとれた）試験所レベルの分析結果の整合性を確保することで，相互受け入れ（ワンストップテスティング）の実現を目指す活動の一部でもある．

このためには，主要な量の国際比較を実施して参加機関の技術能力と測定結果の同等性を確認すること，およびその機関において品質システムが整備されていることが求められる．さらに，これらの結果を BIPM の国際データベースに登録し，公開することにより国際的な活用を図ることが進められている．化学計量に関する活動も活発に進められており，産業技術総合研究所計量標準総合センター（NMIJ/AIST）は日本における計量標準機関という立場でこれ

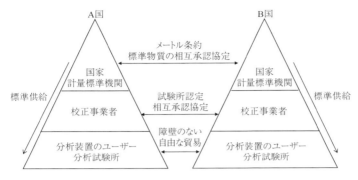

図 5·13 ワンストップテスティングを目指した国際相互承認の枠組み

らの活動に参加している．

3·5 下痢性貝毒標準液の開発と利用

機器分析による下痢性貝毒 OA 群の検査においても定量結果を得るためには標準液の利用が不可欠である．さらには，水産物の輸出拡大や市場に流通する食品の安全性確保の観点からも国際基準に基づいた検査を行う必要性が高まっている．一方で，OA 群は天然物であることや構造が複雑なことから，精製品の大量生産や正確な値付けが難しく，限られた機関でしか標準物質の供給を行うことができない．このような状況での下痢性貝毒検査の機器分析の導入にあたり，日本における計量標準機関という立場である産業技術総合研究所は，貝毒に関する研究実績を有する水産研究・教育機構 中央水産研究所と共同で 2016 年に「オカダ酸標準液」と「ジノフィシストキシン-1 標準液」の二種類の標準液を認証標準物質として開発した（図 5·14）．

これらの標準物質は，標準物質生産についての品質保証手順を規定する国際的なガイドである「JIS Q0034：2001（ISO

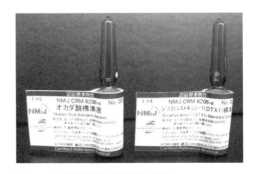

図 5·14 下痢性貝毒の認証標準物質
オカダ酸標準液（左）とジノフィシストキシン-1 標準液（右）．

Guide 34：2000） 標準物質生産者の能力に関する一般的要求事項」[*4] に基づき作製されている．

渦鞭毛藻 P. lima の培養液から精製した OA または DTX1 を用いて原液となるそれぞれのメタノール溶液を調製し，定量 NMR 法により濃度を決定した．すなわち，それぞれの原液を一定量秤量したのちに乾固し，1,4-BTMSB-d_4 メタノール-d_4 溶液を秤量して加え，NMR 測定を行った．1,4-BTMSB-d_4 メタノール-d_4 溶液は，あらかじめ認証標準物質である 3,5-ビストリフルオロメチル安息香酸標準物質（標準物質番号 NMIJ CRM 4601-a）を用いて濃度決定を行っており，1,4-BTMSB-d_4 由来の NMR 信号と OA または DTX1 由来の NMR 信号の比から両化合物の濃度を決定した．さらに，用いた定量 NMR 法の正確さについては，共同測定を行って，十分に評価した．

濃度決定した標準原液を，0.5 %（体積分率）のエタノールを含むメタノールを用いて希釈して濃度約 1 μg/mL の溶液を調製して分注し，標準物質とした．希釈の際には質量を測定することで希釈率を求めた．アンプルに小分けした溶液の OA または DTX1 濃度（質量濃度）は，定量 NMR 法により決定した標準原液の質量分率，希釈率，溶液の密度を用いて正確に決定した．

このように，認証値は，3,5-ビストリフルオロメチル安息香酸認証標準物質を用いて濃度評価された 1,4-BTMSB-d_4 重メタノール溶液を内標準とした定量 NMR 法による OA または DTX1 原液濃度と，計量法トレーサビリティ制度に基づいて校正された天秤を用いた質量比混合での希釈率および密度から求めたものであり，SI へのトレーサビリティが確保されている．本標準物質の認証値とその不確かさを表 5・2 に，オカダ酸標準液に添付される認証書見本

表 5・2 下痢性貝毒認証標準物質の認証値および性状

	オカダ酸標準液	ジノフィシストキシン-1 標準液
標準物質番号	NMIJ CRM 6206-a	NMIJ CRM 6207-a
認証値	0.909 μg/mL	1.079 μg/mL
拡張不確かさ	0.073 μg/mL	0.078 μg/mL
溶媒	0.5 %（体積分率）エタノール含有メタノール	
容量	1 mL	

[*4] 2016 年 11 月には規格文書（ISO17034：2016「General requirements for the competence of reference material producers」）として制定され運用が開始されている．

の一部を図5・15に示す．標準物質には，通常，特有の標準物質番号が付与される．また，認証書には，使用目的，認証値とその不確かさ（信頼限界），値付けに使用した分析方法（認証値の決定方法），計量計測トレーサビリティ，認証書の有効期間，均質性，安定性，保存に関する注意事項，使用に関する注意事項，製造方法などが記載されている．また参考値は通常の標準物質では「認証されていない値」であるが，本標準物質では単位を変換した質量分率や物質量濃度（モル濃度）を参考値として記載している．

機器分析による下痢性貝毒検査においては，これらの認証標準物質を希釈し

図5・15　オカダ酸標準液の認証書見本の一部

て，測定対象の濃度に近い濃度の標準液を調製し，これらを測定することで検量線作成を行うことが想定されている．これにより，検査対象の貝の中に含まれる OA または DTX1 の定量分析を行うことができる．

利用においては，以下のような点に注意が必要である．

① 標準物質を手にしたら，まず認証書を一読する．認証書の使用や保管の注意に従う．
② 本標準物質は，20～30℃の範囲での濃度が認証値として付与されていることから，必ず25℃付近に戻してから採取する（メタノールは温度による密度変化が大きい）．天秤を使ってはかりとる場合には，参考値の質量分率を使うことができる（この標準物質においては，単位を変換した値を参考値としている）．
③ 開封後の安定性は保証されていない．開封後は速やかに使用する．保管して使用する場合は使用者自身で安定性を確認する必要がある．
④ 取り扱い時や保管時の溶媒（メタノール）の蒸発に注意する．
⑤ 清浄な場所で清浄な器具を用いて取り扱う．
⑥ 希釈する際には，適切な器具を用いる．採取量にも注意する．一般的に少量の採取は避けた方がよい．

標準物質は正しく利用することではじめてその性能が発揮できる．正しく使いこなすことを心がけたい．また，信頼性の高い分析のためには，検量線を正しく引くことは基本であるが，一方で，分解，溶解や抽出やクロマトグラフィーによる分離などの多くのステップを経た後に分析機器による出力信号によって定量される化学分析においては，信頼できる分析のためには，その各ステップについての十分な分析法の評価が不可欠である．分析試料と似た組成をもち，対象成分の値が認証されている組成標準物質を利用するなどして，分析法の評価・確認を行うことも重要であることにも留意されたい．

文　献

1) Park MG, Kim S, Kim HS, Myung G, Kang YG, Yih W. First successful culture of the marine dinoflagellate *Dinophysis acuminata*. *Aquat. Microb. Ecol.* 2006; 45: 101-106.

2) 「qNMR プライマリーガイド」ワーキング・グループ.「qNMR プライマリーガイド」共立出版. 2015.
3) Watanabe R, Suzuki T, Oshima Y. Development of quantitative NMR method with internal standard for the standard solutions of paralytic shellfish toxins and characterization of gonyautoxin-5 and gonyautoxin-6. *Toxicon* 2010; 56: 589-595
4) Kato T, Saito M, Nagae M, Fujita K, Watai M, Igarashi T, Yasumoto T, Inagaki M. Absolute quantification of lipophilic shellfish toxins by quantitative nuclear magnetic resonance using removable internal reference substance with SI traceability. *Anal. Sci.* 2016; 32: 729-734.
5) Watanabe R, Sugai C, Yamazaki T, Matsushima R, Uchida H, Matsumiya M, Takatsu A, Suzuki T. Quantitative nuclear magnetic resonance spectroscopy based on PULCON methodology: Application to quantification of invaluable marine toxin, okadaic acid. *Toxins* 2016; 8: 294-302
6) TS Z 0032:2012「国際計量計測用語―基本及び一般概念並びに関連用語（VIM）」（対応国際規格 ISO/IEC Guide 99:2007 "International vocabulary of metrology – Basic and general concepts and associated terms（VIM）"）
7) JIS Q 0035:2008「標準物質―認証のための一般的および統計的な原則」（対応国際規格 ISO Guide 35:2006 "Reference materials – General and statistical principles for certification"）
8) Milton MJT, Quinn TJ. Primary methods for the measurement of amount of substance. *Metrologia* 2001; 38: 289-296.

6章　二枚貝の監視に影響する毒成分の動態

三上加奈子[*1]・松嶋良次[*2]

　二枚貝の貝毒監視において，出荷自主規制の開始および解除のタイミングが最も重要となる．基本的には海域の定点における二枚貝の貝毒レベルが決定の基本となる．麻痺性貝毒の場合，総毒量を反映するマウス毒性試験結果は複数の貝毒成分の複雑な動態を反映したものである．また，下痢性貝毒については機器分析の採用によりマウス毒性試験法では測定できなかった精密な体内分布などが明らかになってきた．ここでは北海道・青森県の重要産業であるホタテガイの貝毒監視にかかわる貝毒の動態について，最近の知見を紹介する．

§1．ホタテガイの麻痺性貝毒減毒期における毒組成変化
1・1　北海道における麻痺性貝毒発生時のホタテガイの処理加工について
1）ホタテガイ漁業

　ホタテガイは，北海道の全漁業生産量の約3割，同生産金額の約2割を占める水産重要種である．その生産量は約40万t，生産金額は約600億円である（2004〜2014年平均値）[1]．その約半分が冷凍貝柱製品に，また生鮮貝柱や干貝柱などを加えた6割以上が貝柱製品に加工され，安定した水産加工原料として重要な役割を担っている[2]．

2）麻痺性貝毒発生時の処理加工基準

　麻痺性貝毒発生時の処理加工について，1979年5月の水産庁長官通達を受け，1980年3月に道漁連が「麻痺性貝毒発生期におけるホタテガイ処理加工等管理要領」を定めた[3]．この要領に基づき，可食部1g当たり4MUを超えた場合でも，条件付き処理加工が認められている（表6・1）[4]．本要領における

[*1] 地方独立行政法人北海道立総合研究機構　中央水産試験場
[*2] 国立研究開発法人水産研究・教育機構　中央水産研究所

表6・1　ホタテガイの条件付き処理加工基準（一部改変）

貝毒	麻痺性貝毒					下痢性貝毒	備考
毒性値の単位 （分析方法）	MU/g （マウス毒性試験法）					mgOA 当量/kg （機器分析法）	
原料貝の 毒性値 製品 および 半製品	中腸腺の毒性値					可食部の 毒性値	
	上昇期			下降期			
	20～50	50～150	150～500	300～500	150～300	150 以下	0.08～	
活貝	×	×	×	×	×	×	×	
冷凍原料貝	×	×	×	×	×	×	×	
ウロ取むき身	×	×	×	×	×	×	◯	中腸腺除去生貝
ボイル製品	◯	×	×	×	×	◯	◯	中腸腺除去（ウロ取）ボイル
貝柱製品	◯	◯*1*2	×	×	◯*1	◯	◯	生・冷凍・乾燥・ボイル・ソフト・燻油漬・その他
缶詰等製品	◯	◯	◯	◯	◯	◯	◯	缶詰を含む加圧・加熱製品
外套膜製品	◯	×	×	×	×	◯	◯	生・冷凍・乾燥
その他	×	×	×	×	×	×	◯	卵付貝柱・卵巣製品・片貝（片側貝殻と中腸腺除去）

*1 暫定措置：無条件に加工を認めるのではなく，毒量調査の間隔短縮および点数増加など，監視体制を強化して安全性を確認したうえで貝柱製品の製造を暫定的に認める．
*2 噴火湾の3海域は100を超えた場合生貝柱出荷停止．

毒性値の基準値は，製造品ごとに貝毒の上昇期と下降期に分けて定められており，上昇期では短期間に毒力が著しく上昇する危険性があるため下降期より厳しく設定されている．一方，主力の貝柱製品は上昇期に 150 MU/g を超えると製造できないため，どこで下降期と判断され基準が緩和されるかということは，計画的な生産や貝毒検査費用の低減に重要である．

3）下降期であることの判断基準の問題点

貝毒が上昇期から下降期へ移行したという判断は，原因プランクトンの海域からの消失と毒力の明瞭な低下（原則：2週連続の毒力の低下）が基準となっている．本要領が制定された 1980 年当時は，北海道海域で中腸腺当たり 500～1000 MU/g の高毒化が発生しており[5]，下降期として加工可能となる基準 300 MU/g（貝柱製品）あるいは 150 MU/g（ボイル製品）以下への毒力の低下が明瞭であった．しかし，ここ数年 300 MU/g 以下の低水準の毒化が続いており，毒力の低下が不明瞭なため，上昇期としての規制が長期化する事例が

発生している.そのため生産者からは,下降期の判断が適時に行える新基準の作成が要望されている.

1・2 毒化ホタテガイ飼育中の部位別毒力および毒組成の変化

本試験では,下降期の新たな基準設定のための基礎データを取得することを目的とし,飼育中の部位別毒力および毒組成の変化について調査した[6].

1) 実験室における給餌によるホタテガイの毒化実験

実験室(10℃)において,100 L 水槽 2 基にホタテガイを 20 個体ずつ収容し,原因プランクトン *Alexandrium tamarense*(以下 At)培養株(北海道八雲産)を培養し,週 2 回 10 L ずつ,3 週間給餌することにより毒化させた.給餌した At およびホタテガイの毒成分は Oshima[7]の方法に従って分析し,毒含量および毒力を算出した.また,ホタテガイ中腸腺についてはマウス毒性試験も実施した.給餌した At 1 細胞当たりの毒含量は平均 91 fmol,給餌量は 1 個体当たり 464 万細胞,与えた細胞はすべて摂取されていたので,ホタテガイ 1 個体が給餌 3 週間の間に摂取した総毒量は約 2500 nmol であった(表 6・2).

図 6・1 に給餌した At および給餌直後のホタテガイ各部位の毒組成を示す.At の毒組成は,C2 が 64 mol%,GTX4 が 12 mol%,GTX3 が 7 mol%であり,渦鞭毛藻が生合成する 11 位硫酸エステルが β 型の毒成分(以下 β 型と略記)が全体の約 8 割を占め,残り約 2 割は STX 群であった(麻痺性貝毒成分の構

表 6・2 ホタテガイに給餌した At 量とホタテガイの推定摂取毒量

給餌日 (day)	At 毒含量 (fmol/cell)	給餌量 (100 万細胞／個体)	ホタテガイ 1 個体が 摂取した総毒量[*] (nmol)	
			水槽 A	水槽 B
1	69	2.4	166	166
5	100	2.9	290	290
9	94	3.0	278	278
12	134	4.3	582	583
16	74	7.1	527	528
19	76	8.2	616	616
平均値	91	4.6	合計 2459	2461

[*] At は次回の摂餌までに完全に消失していたので,給餌した毒量をもってこの間に摂取された毒量とした.

造および変換については1章 2・1参照）．これに対し，中腸腺の毒組成はC2が40 mol％，C1が18 mol％とC群が約6割を占めており，次いでGTX4，neoSTX，GTX3 の順に多かった．外套膜では，C2，GTX3，GTX2の順に多かった．また，その他部位はSTX群が63 mol％，C2が

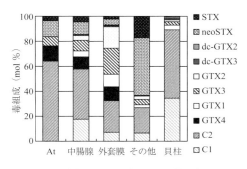

図6・1　給餌Atおよび毒化貝の部位別毒組成

20 mol％であり，貝柱では，C2が55 mol％，C1が35 mol％とC群が9割を占めるなど，部位ごとに毒組成が異なっていた（図6・1）．中腸腺の毒組成は，β型の3成分の一部（総量で30％）がα型として検出された以外はAtの毒組成とよく似ていた．外套膜では，中腸腺よりさらにα型への毒の変換が進んでいた．その他部位ではSTX群が全体の6割，貝柱ではC群が9割を占めるのが特徴的であった．このように，部位ごとに毒組成は大きく異なっていたがいずれの部位においても，給餌毒化直後では，β型の比率が60％以上であり，給餌したAt毒成分の影響を反映していた[*3,4]．

2）減毒試験

毒化したホタテガイを1000 L水槽に移し，基礎的な代謝を維持するため，貝毒をもたない珪藻 *Chaetoceros gracilis* を週5日1000～2000 cells/mLで給餌しながら，平均水温12.5℃にて3ヶ月間飼育した[6]．飼育期間中，経時的に4個体ずつ採取して，部位ごとにまとめて分析に供した．具体的には，1，3，6，8日，2，3週間後，そして1，2，3ヶ月後に採取した．その結果，中腸腺の毒含量の最高値は535 nmol/g，換算した毒力は468 MU/gで，飼育6日目まで変動が大きかった．その後，8日目以降は全体的に徐々に低下したが，わずかに増加することもあった．こうした現象は，完全に毒の供給が行われない状況で毒含量が上昇したことの説明が難しく，毒蓄積量の個体差が影響したと推定

[*3] Atの毒組成は給餌試料6回分の平均値．

[*4] ホタテガイの部位別毒組成は給餌飼育終了後に分析した．

される.なお,飼育3ヶ月間で毒含量および毒力は最高値の18%および15%までに減少した.一方,HPLC毒力とマウス毒力はよく一致していた(図6・2左). 外套膜の最高毒力は20 MU/gとかなり低い値であったが,3ヶ月後でも最高値の50%程度の毒力が残っていた(図6・2右).また,その他部位の最高毒力は41 MU/gで,3ヶ月間で約20%に減少した.貝柱の毒力は,減毒期間中,0.04～0.7 MU/gと中腸腺毒力の0.1～0.3%の低値で推移し,マウス毒力もすべて2 MU/g未満であった.

高田ら[8]によると,Atが発生している同海域でホタテガイ,ムラサキイガイおよびマガキを垂下した場合,At消失後,マガキは2週間で,ムラサキイガイは1ヶ月で毒が不検出となったが,ホタテガイでは3ヶ月後もピーク時の10%が残存し,毒の代謝排出がされにくいことを明らかにしている.本試験においても,中腸腺の毒力は3ヶ月後も最大値の15%が残存しており,外套膜やその他部位ではさらに毒の残存が多く,毒の代謝や排出が遅いことが再確認された.

減毒飼育中,中腸腺の毒組成はβ型のC2,GTX4,GTX3の割合が減少し,α型のC1,GTX1,GTX2が増加するとともに,当初ほとんど存在しなかったdcGTX2,dcGTX3が増加した(図6・3左).11位硫酸エステル成分に占めるβ型の比率(以下β比と記す)は減毒開始時には70%であったが,減毒飼育中一貫して減少し,飼育8日目には48%,1ヶ月目には29%,2ヶ月以降は約20%に減少し平衡状態に達した(図6・4左).

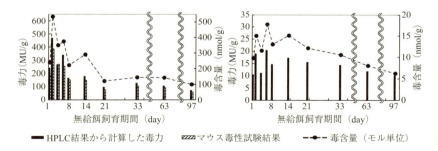

図6・2 給餌停止後のホタテガイ組織の毒含量および毒力の変化
左:中腸腺,右:外套膜.

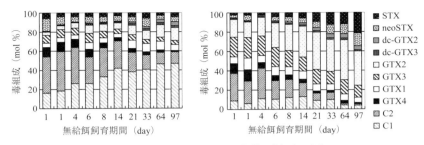

図6・3 給餌停止後のホタテガイ組織の毒組成の変化
左：中腸腺，右：外套膜.

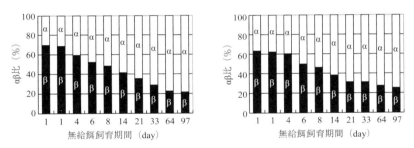

図6・4 給餌停止後のホタテガイ組織の11位硫酸エステル立体αβ比の変化
左：中腸腺，右：外套膜.

一方，外套膜の毒組成は，β型のC2，GTX4，GTX3，とくにC2の割合の減少と，α型のGTX2の増加が顕著であり，dcGTX2およびSTX群の割合の増加も観測された（図6・3右）. 減毒開始時のβ比は63％，2ヶ月後に27％，3ヶ月後には25％に減少した（図6・4右）. また，その他部位では，C2比の減少と，GTX2，dcGTX2比の増加が起こり，β比は72％から1ヶ月後に33％，2ヶ月後には平衡に達していた. さらに，低毒含量の貝柱でも，C2比が減少し，C1比が増加した. β比では64％から3ヶ月後には29％となった.

1・3 毒組成情報の貝毒管理への応用の可能性

実験室内の飼育試験で，毒の供給を完全に断った状態における中腸腺毒力の変化は単純に減衰するだけではなく，増減を繰り返しながら徐々に低下した.

このことは，毒性試験における個体差の影響を考慮する必要があり，実際の

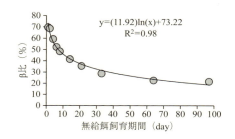

図 6・5 ホタテガイ減毒期における 11 位 β 異性体存在比（％）

海域における毒力変化で同様の傾向が見られた場合に,「原則 2 回連続して毒性値が低下したことをもって下降期とする」というこれまでの判断基準の適用が難しいことを示していた. そのため, 北海道において, 2013 年に行政および生産者の協議によって新たな「下降期判断基準」が採用された. すなわち, 低貝毒期に限り毒性値の低下の基準を「判断時最大毒性値[*5] が検出されてから 1 ヶ月以上経過」および「平均毒性値[*6] の低下」とした[9)].

一方, 減毒飼育中の中腸腺 β 比の変化は, 毒力の増減とは関係なく一貫して減少し, さらに減毒飼育日数と β 比の間には対数近似による高い相関が認められた (図 6・5). このことは, 海域において At など麻痺性貝毒原因プランクトンが消失した後, 中腸腺の β 比の低下が暫時進行することを示唆し, β 比は毒力の変動を補う下降期判断の基準になり得ると考えられた. 今後は, 実際に生産海域で毒化が発生した際に, β 比を測定してその実用性を評価する予定である. β 比の算出には HPLC により毒成分を定量する必要があり, その検査体制が必要となるが, 将来毒性検査が機器分析に移行した際には β 比が容易に得られることから, 下降期判断基準として活用されることが期待される.

§2. ホタテガイにおける下痢性貝毒の部位別分布と個体差

わが国では, 2015 年から下痢性貝毒を OA 群に限定して可食部当たり 0.16 mg OA 当量 /kg の基準値とすること, および機器分析による検査が認められた. 従来のマウス毒性試験法より格段に感度および精度が向上することから貝毒のリスク管理の高度化が期待される. しかるに, これまで二枚貝中の OA 群の動態を機器分析で追跡した例は散見されるものの, 食品の安全性を担保する試験

[*5] 判断時最大毒性値：下降期判断する時点までに当該海域で検出された最大の毒性値.
[*6] 平均毒性値：検査試料の個体差による影響を小さくするため, 週 1 回の検査結果 2 回程度を平均した毒性値.

法として検証するために系統的にデータを収集・解析した例は少ない．ここでは下痢性貝毒による被害を受けてきた青森県において，2014年に毒の消長を機器分析で精密に追跡し，毒の体内分布および個体差を解析することによって貝毒監視に必要な基礎情報を収集したので紹介する．なおこの年は陸奥湾西部海域で養殖ホタテガイが4月17日から6月20日まで，暖流系海域の付着性二枚貝（野内定点ムラサキイガイ）が3月24日から9月18日まで，出荷規制を受けていた．

2・1 青森県産ホタテガイの部位別下痢性貝毒分布

陸奥湾西部野内定点で採集した2年ホタテガイ14〜20個体を中腸腺，生殖腺，外套膜，えら，貝柱の部位に分け，各組織のOA群の濃度を測定した．試料は全個体を合わせて9倍量の90％メタノールにより抽出後，アルカリ加水分解し，LC/MS/MS法による3回平均値を

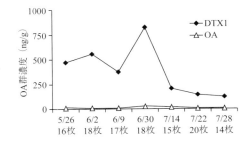

図6・6 野内2年ホタテガイ中腸腺OA群濃度

用いた．中腸腺の測定結果を図6・6に示す．5月末の調査開始時からDTX1が検出され6月30日にピークに達し，その後暫時減少したが7月末でも残存していた．2章記述「新通知」および「ガイドライン」記載の附則により，ホタテガイ中腸腺における下痢性貝毒のマウス毒性試験基準値は0.5 MU/gと規定されており，最高値を旧法のMU/gに換算すると，基準値の約1/2に相当した．また，微量であるがOAを含んでいた．部位別でみると極微量に生殖巣（0.5〜1.5％），外套膜（0〜1％），えら（0〜1.2％）から検出される場合があったが，すべての試料で中腸腺が97％以上を占めていた（図6・7）．また，どの試料の貝柱からも下痢性貝毒は検出されなかった．この結果は先に行ったホタテガイへの培養 *Dinophysis* 給餌実験の結果[10]と一致し，毒含量にかかわらず，ほぼすべてのDTX1が中腸腺に局在する結果となった．このことは手持ちの装置の感度が低いなどの都合によって中腸腺のみを測定することも考慮される根拠となる．マウスに投与する残渣量の限界から中腸腺に毒が局在するとしてその

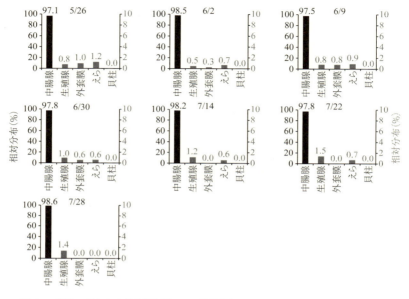

図6·7 野内2年ホタテガイ部位別DTX1相対分布
DTX1含量比は中腸腺を左軸で,その他の組織は10倍に拡大した右軸で示した.
各グラフの数字は採取した月/日を示し,図6·6の横軸に対応する.

部位だけを試験に供し,重量比から可食部の毒性を推定していた旧法の妥当性を追認するものであった.

2·2 青森県産ホタテガイとムラサキイガイの下痢性貝毒含量の個体変動

野内定点の2年ホタテガイとムラサキイガイ,浦田定点(陸奥湾西部海域の臨時定点)の1年ホタテガイそれぞれ30個体について個体別に中腸腺に含まれるDTX1の濃度を測定した(図6·8, 6·9).OAは痕跡程度であった.最も高い5月26日の浦田1年ホタテガイを,旧法のMU/g換算すると規制値の約6割相当であった.野内定点の同地点・同深度から得られた6月2日の試料では,ムラサキイガイとホタテガイで平均値が異なり(図6·8, 6·9),中腸腺当たりではムラサキイガイの方がホタテガイよりも高い毒量を示した.また,ばらつきもムラサキイガイの方が相対標準偏差で60~70%を示すなど,高い傾向が見られた(図6·9).ホタテガイの各個体は,耳吊りにより垂下され比較的均質な生育環境にあるのに対し,ムラサキイガイは,養殖カゴ内で足糸で

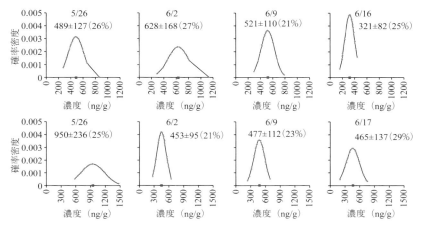

図6・8 ホタテガイ30個体の中腸腺DTX1濃度分布
　　　上段は野内2年ホタテガイ，下段は浦田1年ホタテガイ．x軸上の四角は平均値を表し，図内の数字はDTX1の含量平均±標準偏差（ng/g）および（ ）内は相対標準偏差%を示す．

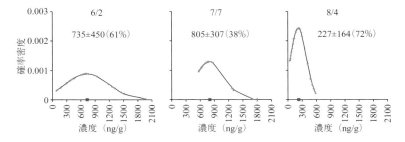

図6・9 野内ムラサキイガイ中腸腺DTX1濃度分布
　　　x軸上の四角は平均値を表し，図内の数字はDTX1の含量平均±標準偏差（ng/g）および（ ）内は相対標準偏差%を示す．

集団的に固着する生態のため各個体間の摂餌競争が厳しいことを反映した結果とも考えられる．また，DTX1の蓄積，減衰には代謝・生育特性の違いによってホタテガイとは異なる様子を示す可能性がある．

2・3 再標本化解析によるサンプリングに必要な個体数の推定

DTX1の蓄積量に個体差がみられたことから，統計学的手法である再標本化[11-13]を用いて，その定点の毒含量を正しく反映させるために必要な個体数

表6・3　ホタテガイとムラサキイガイのDTX1濃度再標本化解析

	浦田1年ホタテガイ						野内2年ホタテガイ						野内ムラサキイガイ					
N	0.1	1	5	95	99	99.9	N	0.1	1	5	95	99	99.9	N	0.1	1	5	95	99	99.9
5	73.14	77.85	83.39	117.41	125.13	131.60	5	68.28	75.58	82.06	119.03	126.33	131.27	5	38.53	49.50	60.38	144.39	163.66	181.41
6	75.15	79.92	84.79	115.57	121.53	128.11	6	72.06	77.67	84.00	116.96	123.73	129.01	6	40.14	51.98	63.85	139.41	155.79	176.53
7	77.89	81.88	86.60	114.17	119.31	123.53	7	74.32	79.95	85.37	114.87	120.42	125.47	7	46.53	56.21	66.92	134.76	148.84	164.28
8	78.08	82.87	87.58	112.70	118.42	123.10	8	76.19	81.11	86.53	113.93	119.03	123.22	8	48.63	58.49	69.46	132.59	144.43	157.67
9	80.93	84.36	88.46	111.54	116.33	120.30	9	78.69	82.88	87.63	112.91	117.63	121.39	9	53.63	61.88	71.85	129.81	140.35	153.63
10	81.23	85.42	89.39	110.83	115.42	119.97	10	80.84	84.43	88.54	111.62	116.05	119.59	10	54.17	64.14	73.70	126.85	138.62	150.20
11	82.68	86.15	89.99	109.86	113.57	118.51	11	81.29	85.53	89.35	111.00	114.73	118.41	11	59.15	67.00	75.87	124.77	135.38	145.14
12	84.30	87.48	90.96	109.47	113.27	116.39	12	82.72	86.10	89.83	110.41	114.12	117.39	12	61.00	69.36	77.44	123.70	132.05	139.71
13	85.01	88.29	91.46	108.54	111.91	115.51	13	84.59	87.41	90.71	109.37	112.88	116.02	13	62.43	70.64	78.54	121.60	129.72	137.45
14	86.30	88.74	92.11	108.05	111.04	114.78	14	85.05	87.79	91.17	108.62	112.10	114.90	14	66.33	72.49	79.67	119.85	127.69	134.85
15	86.91	89.80	92.54	107.42	110.38	113.29	15	85.43	88.70	91.68	108.00	111.06	114.01	15	66.03	74.16	81.21	118.89	126.28	133.92
16	87.49	90.27	93.03	107.10	109.51	111.91	16	87.12	89.75	92.51	107.57	110.31	113.34	16	69.00	75.00	82.19	117.45	124.18	130.86
17	88.18	91.05	93.44	106.49	108.82	111.11	17	88.06	90.02	92.75	107.09	109.74	112.37	17	71.21	77.64	83.69	116.54	122.36	127.60
18	89.06	91.50	93.85	106.06	108.43	110.18	18	88.49	90.82	93.18	106.55	109.07	111.57	18	71.85	78.51	84.81	115.12	120.44	125.16
19	89.62	92.15	94.43	105.54	107.48	109.23	19	89.37	91.38	93.61	106.23	108.37	110.44	19	75.02	80.00	85.56	113.84	119.16	124.11
20	90.21	92.71	94.74	105.05	107.16	109.02	20	90.20	92.03	93.99	105.77	107.78	110.09	20	76.66	81.07	86.70	112.89	117.33	121.46
21	91.22	92.99	95.10	104.64	106.45	108.09	21	90.42	92.57	94.50	105.23	107.19	109.21	21	78.65	82.19	87.43	111.88	115.95	120.10
22	91.37	93.59	95.56	104.25	105.69	107.36	22	91.47	93.13	94.93	104.91	106.63	108.59	22	78.22	83.65	88.44	110.81	114.46	118.32
23	92.64	94.22	95.88	103.84	105.22	106.34	23	92.27	93.51	95.25	104.48	106.28	107.51	23	79.84	84.67	89.25	110.11	113.48	116.61
24	93.25	94.84	96.31	103.43	104.57	105.63	24	92.89	94.07	95.73	103.97	105.53	107.25	24	82.53	86.13	90.15	108.78	111.73	114.05
25	94.13	95.51	96.79	103.02	103.88	104.64	25	93.75	94.61	96.08	103.57	104.97	106.41	25	83.40	87.29	91.10	107.85	110.33	112.98

各行は, 試料数Nにおける1万回試行時の各0.1～99.9パーセンタイル値が30個平均値に対して取る割合（％）を示す．太字は80～120％の範囲を，灰色は90～110％の範囲を示す．

の推定を試みた．解析にはばらつきが大きかった5月26日の浦田産ホタテガイ，6月2日の野内産ホタテガイおよびムラサキイガイの30個体の測定値データを用い，個体数5から25までの平均値が取り得る値を，重複なしの無作為抽出で1万回反復試行して解析した．表6・3の各行は，試料数N（5～25）における1万回試行時の各0.1，1，5，95，99.9パーセンタイル値が30個平均値に対して取る割合（％）を示す．厚生労働省による2015年3月の通知（食安基発0306第4号 食安監発0306第2号）における下痢性貝毒検査法の性能基準（真度（％）70～120）を参考とし，±20％となる範囲を求めると以下の通りとなる．浦田1年ホタテガイと野内2年ホタテガイでは，10個体用いることにより99.8％の確率で30個平均の±20％に収まった（表6・3下線）．一方，野内ムラサキイガイでは，19個体で98％の確率，15個体で90％の確率で30個平均の±20％に収まっていた（表6・3下線）．

貝毒リスク管理の高度化には，今後もさらに継続してデータを蓄積する必要がある．

文　献

1) 平成16年度～平成26年度北海道水産現勢．北海道水産林務部．2004～2016．
2) ホタテデータマップ2016．週刊水産新聞．（株）水産新聞社．2016．
3) 北海道 水産林務部水産経営課・保健福祉部食品衛生課監修．貝毒関係通達・方針・要領集．北海道ほたて流通食品協会，北海道漁業協同組合連合会．2005．
4) 北海道ほたて流通食品協会．「ほたて加工必携ハンドブック（平成28年度改訂版）」北海道ぎょれん．2017; 22．
5) 地方独立行政法人北海道立総合研究機構．平成27年度赤潮・特殊プランクトン予察調査報告書．北海道．2016; 31-32．
6) 三上加奈子，武田忠明，嶋田 宏．ホタテガイの部位別毒性値検査．平成24年度北海道立総合研究機構中央水産試験場事業報告書．2014; 198-203．
7) Oshima Y. Post-column derivatization HPLC method for the analysis of PSP. J. AOAC Int. 1995; 78: 795-799.
8) 高田久美代，妹尾正登，東久保 靖，高辻英之，高山晴義，小川博美．マガキ，ホタテガイおよびムラサキイガイにおける麻痺性貝毒の蓄積と減毒の差異．日水誌2004; 70: 598-606．
9) 北海道 水産林務部水産経営課・保健福祉部食品衛生課監修．貝毒関係通達・方針・要領集．北海道ほたて流通食品協会，北海道漁業協同組合連合会．2016．
10) Matsushima R, Uchida H, Nagai S, Watanabe R, Kamio M, Nagai H, Kaneniwa M, Suzuki T. Assimilation, accumulation, and metabolism of dinophysistoxins (DTXs) and pectenotoxins (PTXs) in the several tissues of Japanese scallop Patinopecten yessoensis. Toxins 2015; 7: 5141-5154.
11) 汪 金芳，手塚 集，上田修功，田栗正章，樺

島祥介, 甘利俊一, 竹村彰通, 竹内 啓, 伊庭幸人.「計算統計 I－確率計算の新しい手法（統計科学のフロンティア 11）」岩波書店. 2003.
12）MJ Crawley, 野間口謙太郎, 菊池泰樹.「統計学：R を用いた入門書」共立出版. 2008.
13）Everitt BS, Hothorn T（大門貴志, 吉川俊博, 手良向 聡 訳）.「R による統計解析ハンドブック」メディカル・パブリケーションズ. 2010.

7章　わが国の二枚貝の毒化と貝毒原因プランクトンの海域による特徴

神 山 孝 史[*1]

　貝毒は，毒を生産する微細なプランクトン（一部の珪藻類あるいは渦鞭毛藻類）を二枚貝などが捕食し，体内に毒を蓄積することで発生する．そのプランクトンの生産する毒には種ごとに組成の特徴があり，同一種でも株間で異なる．また，細胞毒量は環境によっても大きく変化する．そのため，原因プランクトンが高密度化し，貝毒に至る過程で，これらの要因が複雑に絡み合い二枚貝の毒化の大きな地域差を生み出している．ここでは，わが国における貝毒の特徴とそれを引き起こす原因プランクトンの出現特性，毒の特徴，地域的な違いに注目し，これまでの知見を整理する．

§1．わが国の貝毒の特徴

　わが国で問題となる貝毒は，主に麻痺性貝毒と下痢性貝毒である．二枚貝などの喫食によって起きた貝食中毒の事例は，1948年の愛知県のアサリの麻痺性貝毒によるものや岩手県のイガイの下痢性貝毒によるものがそれぞれはじめであり，その後，1980年に厚生労働省により規制値と試験法が決められ，わが国の監視体制が構築された．また，二枚貝だけでなくそれを捕食するカニ類や巻貝も毒化のリスクがわかり，新たな規制対象に加えられた．現在では，自家消費による中毒事例があるもののそれら監視体制によって，市場に流通している二枚貝などの中毒事例は起きていない．

　なお，貝毒とは狭義では，毒化した二枚貝を喫食して起こす中毒事例を意味するが，広義では，検査によって出荷自主規制が実施された事例を貝毒とする場合がある．ここでの貝毒発生は後者の広義の意味として定義する．以下にそ

[*1] 国立研究開発法人水産研究・教育機構　東北区水産研究所

れぞれの毒の特性と中毒症状の概要を示す．

1・1 麻痺性貝毒

わが国の原因プランクトンや毒化した二枚貝からは13種類の毒が確認されており，これらが混合物として二枚貝の主に内臓（中腸線）に蓄積される．中毒の原因となる毒は水溶性であり，サキシトキシン（STX）とその類縁体であり，類縁体については40種類以上の報告がある．これらの毒は，熱や酸性条件下で安定である．アルカリ性条件下では比較的不安定であるが，加熱調理などにより毒が分解することはない．したがって，毒化した二枚貝などを加熱しても食中毒を防ぐことはできない．

中毒の症状としては，軽症の場合，唇，舌，顔面，四肢末端のしびれ感，悪心，めまいなどとして発症し，中等症ではしびれ感が麻痺に変わり，言語障害や随意運動の困難が現れる．さらに，重症となると，呼吸麻痺が進行し，12時間以内に死亡することがあるが，回復すれば後遺症が残ることはない．

1・2 下痢性貝毒

わが国の下痢の原因となる毒はオカダ酸（OA）やジノフィシストキシン1（DTX1）など脂溶性毒，つまり油に溶けやすく水に溶けにくい毒である．これらの毒は熱や酸性あるいはアルカリ性条件下で比較的安定であることから，加熱調理などにより毒が分解することはない．したがって，麻痺性貝毒と同様，食材を加熱しても食中毒を防ぐことはできない．これが同じ下痢を伴うビブリオ中毒など微生物による食中毒とは異なる点である．

中毒症状としては，下痢（水様便），腹痛，嘔吐などであり，通常，食後4時間以内に発症し，3，4日後にはほぼ完全に回復する．予後は良好で死亡例はない．

§2. 貝毒原因プランクトンの出現と生産毒の特徴

2・1 麻痺性貝毒原因種

わが国で麻痺性貝毒の原因となる主な種類は，*Alexandrium* 属と *Gymnodinium catenatum* である．*Alexandrium* 属の中で最も広範囲で頻繁に麻痺性貝毒を引き起こす種類が *Alexandrium tamarense* と *Alexandrium catenella* である（図7・1（口絵））[*2]．ともに形態的に類似した有殻の渦鞭毛藻類で，細

胞長はそれぞれ 26～38 µm，21～48 µm であり，A. catenella では 4 細胞以上の連鎖を形成することもある．どちらもプランクトンとして海水に出現し，増殖したのち，有性生殖を経てシスト（休眠接合子）を形成し，海底で次の出現の機会を待つという生活環をもつ．プランクトンとしての出現は成熟したシストからの「発芽」が引き金になる．発芽可能な成熟したシストになるまでの期間（内因性休眠期間）は，A. tamarense では形成後 4 ヶ月から半年かかるが，A. catenella は 1 週間程度と短い[1]．発芽を引き起こす要因としては，温度が最も重要で，A. tamarense では 12.5℃に至適温度があり，15℃を超えると発芽率は大きく低下する．この応答は，本種が，低水温から 15℃までの冬から春に出現，増殖し，二枚貝の毒化を引き起こす現象を表している．A. catenella は 17.5℃に発芽の至適温度があり，20℃以下の幅広い温度域で高い発芽率を示す[1]．海水への出現は春季から秋季と幅広いが，A. tamarense よりも高水温時期に出現し，主に 20℃前後で高密度になり，ときに赤潮状態に達することもある．A. tamarense と同様，こうした海水中への出現パターンは温度に対するシストの発芽応答によく一致する．

その他の Alexandrium 属の中で，過去に二枚貝などの毒化を引き起こした種が，Alexandrium tamiyavanichii と Alexandrium ostenfeldii であり，細胞長はそれぞれ 30～50 µm と 40～56 µm である．A. tamiyavanichii は多数の細胞の連鎖を形成し，ヘビのように泳ぎ回るのが特徴的である．本種による二枚貝の毒化は，1997 年に初めて沖縄のミドリイガイで確認され，本州では 1999 年以降，散発的に瀬戸内海でムラサキイガイなどの出荷自主規制を引き起こしている[2,3]．本来南方系の種といわれるため，今後の温暖化の進行に伴い，発生海域の拡大が懸念される種類である．ヨーロッパの汽水域での重要な貝毒原因種となる A. ostenfeldii は[4]，わが国でも北海道から四国までの広い範囲で出現が確認されてきた種である[5,6]．これまで，二枚貝などの毒化を引き起こす事例はなかったが，2015 年に山陰地方の汽水湖で本種によるヤマトシジミの貝毒発生がわが国で初めて起きた．今後，本種の麻痺性貝毒にも注意が必要であろう．

Gymnodinium catenatum も西日本で麻痺性貝毒を引き起こす重要種である．

[*2] 2014 年に A. tamarense と A. catenella の分類について，新たな再編の提案の報告が行われているが，まだ結論が出ていない．ここでは，従来通りの呼称で表すこととする．

無殻の渦鞭毛藻類であり，細胞長は連鎖細胞で31～40 μm，単独細胞で48～65 μmであり，頻繁に多くの連鎖を形成して活発に遊泳する．培養実験で調べられた活発に増殖する温度は，分離された地域株によって異なり，日本では20～30℃（至適は25℃）の範囲という報告がある[7]．また，最高増殖速度は0.4～0.5分裂／day[7,8]と他の植物プランクトンに比べるとやや低い．*Alexandrium* 属と同様に本種もシストを形成する生活環をもつ．発芽温度は栄養細胞の増殖に適する温度域にほぼ一致し，一度形成されたシストが成熟するための期間がほとんど必要ないことは，*Alexandrium* 属と大きく異なっている．本種のブルームが長期間にわたる原因の一つかもしれない[7]．

Alexandrium 属の細胞毒量は，増殖相や温度や栄養などの環境条件によって大きく変動し，その毒組成も株によって非常に多様だが，各株では比較的安定しているため遺伝的形質と考えられている．*A. tamarense* と *A. catenella* の麻痺性毒成分は，主にN-スルホカルバモイル毒群（C群），カルバメート毒群（GTX群，STX群）からなり，細胞毒総量としては，10^1～10^3 fmol/cell の幅広い範囲で，一般的にみると *A. tamarense* の値のほうが *A. catenella* よりも数倍高い（図7・2）．このため，一般的にC群を多く含む *A. catenella* が麻痺性貝毒を引き起こす密度は，*A. tamarense* よりもかなり高いのが普通である．両種の細胞毒の組成は著しく多様であるが，*A. tamarense* ではC1/2とGTX1/4が全体の60％以上を占め，neoSTXがそれに次ぐ成分となることが多い（図7・3（口絵））．*A. catenella* ではC1/2が主体であり，GTX1/4とSTX群が多くを占める．*A. tamarense* との違いで見ると多くの株でGTX5を含むところが特徴的である．また，本種については，北日本の株でneoSTXが多く，西日本の株でGTX1/4が多いという傾向が認められる．

A. tamiyavanichii では，前2種に比べC1/2は減少し，GTX4が主成分となり，その他のGTX群（GTX3やGTX5）や強毒成分であるSTX群も多く含まれる（図7・4（口絵））．細胞毒量も220～1260 fmol/cell と *Alexandrium* 属の中では多い（図7・2）．わが国での *A. ostenfeldii* の細胞毒量や組成に関する情報は少なく，一般的な特徴としてまとめることが困難であるが，岩手県沿岸での分離株では，C群が少なく，GTX1/4とGTX6が多くを占めたという報告や[6]，山陰地方の汽水湖産の株ではneoSTXがほとんどを占めるという極端な事例があ

7章 わが国の二枚貝の毒化と貝毒原因プランクトンの海域による特徴 113

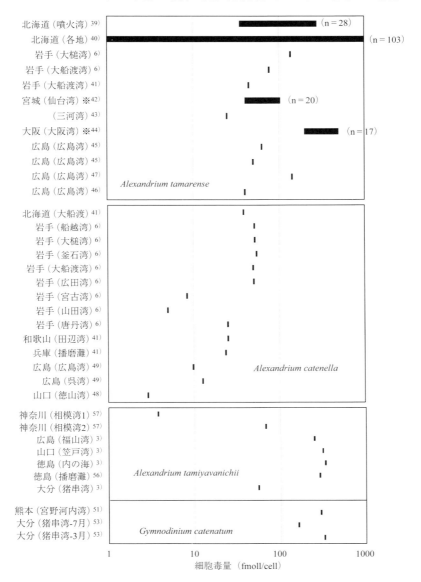

図7·2 わが国の各地から分離培養された主な麻痺性有毒プランクトンの細胞毒量の値あるいは範囲 (n：データ数)
※は自然群集の値.
カッコ内の数値は章末の文献番号を示す.

る*3. 海外でも，毒組成が海域ごとに異なり，細胞毒量も $0 \sim 559$ fmol/cell と非常に幅広いことが示されている[9]. *G. catenatum* の細胞毒組成では，C1/2 がその多くを占め，GTX5 がその次を占める主要毒となる点が特徴である（図7・4：口絵）．その細胞毒量は，おおむね 100 fmol/cell の桁が多く，*A. tamarense* や *A. catenella* よりも高い値を示す（図7・2）．これらの細胞毒成分の特徴は，二枚貝の体内でもある程度保たれるため，二枚貝の毒成分組成は毒化を引き起こした原因種の推定の材料にもなる．

2・2 下痢性貝毒原因種

わが国の下痢性貝毒の原因種は渦鞭毛藻類 *Dinophysis* 属である（図7・5：口絵）．底生性の渦鞭毛藻類（*Prorocentrum lima*）のような種類も下痢性貝毒原因プランクトンであるが，実際に原因種になった例は報告されていない．*Dinophysis* 属については，これまで培養できない生物群として，その生理生態や毒生産の特徴がほとんどわかっていなかったが，近年，その中の 5 種（*Dinophysis acuminata*，*Dinophysis fortii*，*Dinophysis caudata*，*Dinophysis infundibulus*，*Dinophysis tripos*）の培養が可能となり，増殖生態や毒生産に関する知見が集積されつつある[10-14]．本種は，葉緑体をもちながら他の生物を捕食する混合栄養生物である．今のところ培養可能種については，クリプト藻 *Teleaulax amphioxeia* を餌料として増殖させた *Mesodinium rubrum* を給餌することで高密度に増殖できることが判っている．本属についてはシストを形成するという情報は報告されていない．マウス毒性試験で毒性を示す YTX 群も北日本のホタテガイの主要な脂溶性毒とされてきた．本成分は，それを生産する渦鞭毛藻 *Protoceratium reticulatum* に由来することが判っているが[15]，経口毒性がないことから，わが国でも現在では下痢性貝毒の範疇から外れている．

Dinophysis 属の中の主要種が *D. fortii* と *D. acuminata* である．細胞長はそれぞれ $60 \sim 80$ μm，$38 \sim 58$ μm で，どちらも一般的には初夏から盛夏に増加して二枚貝の毒化を引き起こす．三陸沿岸で高密度出現時の水温と塩分は *D. fortii* ではそれぞれ $10.7 \sim 15.7$ ℃，$33.4 \sim 33.8$，*D. acuminata* では，$13.4 \sim 21.1$ ℃，

---

*3 及川 寛，山口峰生，坂本節子，紫加田知幸，鬼塚 剛，森 明寛，前田晃宏，内田 肇，鈴木敏之．汽水域に高密度で出現した *Alexandrium ostenfeldii* の麻痺性貝毒成分とシジミの毒化．平成 28 年度日本水産学会春季大会講演要旨集 2015: 87.

31.9～33.6 と D. acuminata のほうが出現する水温，塩分範囲が広く，内湾で幅広い時期に高密度に出現することがある[16]．Dinophysis 属の毒成分は脂溶性を示し，OA と DTX1 および PTX2 が主要毒であり，現場海水から細胞を拾い集め分析した細胞毒量は，種類だけでなく時期場所によって大きく異なる．北海道沿岸の試料については，D. fortii では PTX2 が 51～64 pg/cell，DTX1 が 8.4～10.9 pg/cell，D. acuminata では PTX2 が 11～50 pg/cell，DTX1 が 0.3～1.1 pg/cell であった[17]．上記の北海道沿岸での D. tripos 試料には，いずれの成分も検出されなかったが，培養株では PTX2 が 29～1236 pg/cell，DTX1 が 0.8～84.5 pg/cell になることも報告されている[14]．D. acuminata では低い温度条件で PTX2 の生産が増加することが培養実験で認められたが[18]，毒組成がどの程度安定的な形質か不明である．なお，現在の下痢性貝毒の規制対象となるのは，OA 群であるため，DTX1 と OA を保有する点からも今のところ D. fortii と D. acuminata が重要種といえる．

§3. 毒化が確認された二枚貝

これまでにわが国で貝毒による毒化が確認されている二枚貝などを表 7・1 にまとめた．二枚貝以外では，同じ海水懸濁物捕食者であるマボヤや二枚貝の捕食者であるトゲクリガニ，イシガニの毒化も確認されている．下痢性貝毒については，多くは貝毒監視体制のなかでマウス毒性試験により毒化が確認された事例であるため，昨年新たに導入された機器分析で対象とならない OA 群以外の毒が引き起こしたケースも含まれる．下痢性貝毒については，北海道，東北地方にその発生が限定され，西日本の二枚貝がそれによって毒化することはきわめて稀である．市場に流通した二枚貝による中毒事例はほとんどないが，二枚貝を遊漁により採捕して食する場合に発生することがあり，出荷自主規制の実施されている海域でのこうした二枚貝の採捕・喫食は危険である．

二枚貝種により貝毒の蓄積および排出のしやすさは大きく異なる[19]．概して見ると麻痺性貝毒については，高毒化しやすい二枚貝種はホタテガイとムラサキイガイであり，ホタテガイについては一度蓄積した毒が減毒しにくい．これは，東北三陸海岸，北海道噴火湾での養殖ホタテガイの出荷自主規制が長期化するケースをよく表している．ムラサキイガイが貝毒モニタリングの対象とし

表7·1 国内で貝毒による毒化が確認されている二枚貝など

標準和名	学名	主な生息域	麻痺性	下痢性
アサリ	Ruditapes philippinarum	全国	○	○
バカガイ(アオヤギ)	Mactra chinensis	全国	○	
マガキ	Crassostrea gigas	全国	○	○
ムラサキイガイ	Mytilus galloprovincialis	全国	○	○
ヤマトシジミ	Corbicula japonica	全国	○	
アカザラガイ	Chlamys farreri akazara	東北・北海道南部	○	○
ウバガイ(ホッキガイ)	Pseudocardium sachalinensis	鹿島灘以北，日本海北部	○	
サラガイ	Megangulus venulosa	千葉県銚子以北，鳥取県以北	○	
トゲクリガニ	Telmessus acutidens	瀬戸内海，日本海，東京湾以北	○	
ナガウバガイ	Spisula (Mactromeris) polynyma	千葉県銚子以北	○	
ホタテガイ	Mizuhopecten yessoensis	千葉県以北，能登半島以北	○	○
マボヤ	Halocynthia roretzi	九州北部，瀬戸内海，日本海，三河湾以北	○	○
アカガイ	Scapharca broughtonii	北海道南部以南	○	
イガイ	Mytilus coruscus	北海道南部以南	○	○
イシガニ	Charybdis japonica	北海道南部以南，日本海	○	
イタヤガイ	Pecten albicans albicans	北海道南部以南，日本海	○	
イワガキ	Crassostrea nippona	北海道南部以南，日本海	○	
ウチムラサキガイ	Saxidomus purpurata	北海道南西部以南	○	
オキアサリ(コタマガイ)	Gomphina (Macridiscus) aequilatera	東北以南	○	○
クチバガイ	Coecella chinensis	北海道南部以南	○	
トリガイ	Fulvia mutica	陸奥湾以南	○	
ムラサキインコ	Septifer virgatus	北海道西部以南	○	
アコヤガイ	Pinctada martensii	房総半島以南，男鹿半島以南	○	
タイラギ	Atrina (Servatrina) pectinate	福島県以南，日本海中部以南	○	
チョウセンハマグリ	Meretrix lamarckii	鹿島灘以南	○	○
ハボウキガイ	Pinna (Cyrtopinna) bicolor	房総半島以南，能登半島以南	○	
ヒオウギガイ	Chlamys (Mimachlamys) senatorianobilis	房総半島以南	○	○

て広く用いられているのは，全国的に広く分布していることとともに，毒化しやすいためにそのリスクを感知しやすいからでもある．アサリ類，カキ類は蓄積した貝毒成分を排出しやすいため[20]，出荷自主規制が長期間継続されることは少ない．アカガイについては，毒化しにくいとする知見[20]と高毒化するという知見[21]があるが，現場でのこの種の毒量や出荷自主規制の状況を見ると，トリガイも含めて他の二枚貝よりも毒を排出しにくい種類と考えられる[20,22]．また，マボヤは一度毒化すると減毒しにくいとする知見[23]，減毒のしやすさはカキとムラサキイガイの中間とする知見[20]がある．トゲクリガニやイシガニは食用となるカニ類であるが，毒化したムラサキイガイを食することで毒化するため[24]，2004年から出荷自主規制の対象となった[25]．一度毒化するとその毒が15％になるまで20日かかり，さらに，体内での毒成分の変換によって餌とするムラサキイガイよりも高毒成分の割合が増す[24]．こうしたことから，他の二枚貝よりも出荷自主規制が長く続く場合がある．

§4. 原因種と二枚貝毒化の地域差

4・1 麻痺性貝毒

農林水産省消費・安全局で集計した情報をもとに，2012〜2015年の麻痺性貝毒による二枚貝などの出荷自主規制状況を取りまとめた（表7・2）．わが国の麻痺性貝毒の発生域は全域にわたるが，概観すると対馬暖流の影響のある日本海側で少なく，北方海域では親潮の影響域で多い傾向がある．また，河川水の流入のある閉鎖された二枚貝養殖場での発生が多いが，一方でホタテガイ養殖の盛んな陸奥湾のようにまったく発生しない海域もある．近隣の湾でも発生状況がまったく異なる場合があり，発生域はスポット的という特徴がある．

幅広い海域での発生の特徴は，いくつかの原因種がオーバーラップしながらわが国の各海域に定着しているためである．主要な原因種 *A. tamarense* と *A. catenella* に注目すると，どちらも幅広い海域に出現するものの，*A. tamarense* は北方域で出現する場合が多く，さらにその出現時期は低水温時期であるのに対し，*A. catenella* は西日本で高密度に出現するケースが多く，発生時期は比較的高水温期であるというように，それらの出現特性には違いがある．他の重要種 *G. catenatum* の発生海域は，これまで日本海側では京都府以西，太平洋

表 7・2　わが国の麻痺性貝毒による出荷自主規制状況（2012〜2015 年）[*1]

地方／海域	都道府県	麻痺性貝毒による出荷自主規制対象種[*2]				原因プランクトン[*3]
		2012 年	2013 年	2014 年	2015 年	
北海道（太平洋）	北海道			●		A. tamarense
北海道（オホーツク海）	北海道	●				A. tamarense
東北	岩手	○△●	○△●	○●	○△●	A. tamarense, A. catenella
	宮城	○△	○△□▲■	○△□▲■	○△●■☆▲	A. tamarense, Alexandrium spp.
	福島	○■	○■	○■		?
	茨城	○				Alexandrium spp.
関東		全期間事例なし				
中部	愛知			□⊠※		A. tamarense
近畿	三重	◎			◎	A. catenella, G. catenatum
	和歌山				×	A. catenella, G. catenatum
瀬戸内海	大阪		□◇☆⊠	□◇☆⊠	□⊠	A. tamarense
	兵庫		□	□	□	A. tamarense
	香川				○	A. catenella
	広島	○△□				A. tamarense
四国（太平洋）	徳島	×			×	A. tamarense, A. catenella
	高知	×	×	×		Alexandrium spp., G. catenatum
九州	大分	○□	○▽	○▽	○▽	G. catenatum, A. catenella
	宮崎				×	A. catenella
	熊本	△	△	△	△	A. catenella
	長崎			△◎		G. catenatum, Alexandrium spp.
	佐賀		□	△	△	A. catenella, Alexandrium spp., G. catenatum
中国（日本海）	山口			△	△	G. catenatum
近畿（日本海）		全期間事例なし				
中部（日本海）		全期間事例なし				
東北（日本海）		全期間事例なし				
北海道（日本海）		全期間事例なし				

○ムラサキイガイ，△マガキ，▽イワガキ，●ホタテガイ，□アサリ，◎ヒオウギガイ，×二枚貝類，◇シジミ（ヤマトシジミ），☆アカガイ，⊠トリガイ，▲アカザラガイ，■トゲクリガニ，※ウチムラサキ，★ホヤ，◆イガイ

[*1] 各道府県からの貝毒発生に関する情報をもとに作成．
[*2] 表示は各海域の一部での発生事例を示す．年をまたぐ同一発生事例も各年の発生として表示．
[*3] 原因プランクトンは全期間の発生事例で特定された種類を列挙．? は原因種不明または "特定せず"（検査海域での調査なしを含む）を示す．Alexandrium spp. は，Alexandrium 属の種名まで特定されなかったことを示す．

側では三重県以西というように西日本に限られてきた.

　麻痺性貝毒の発生域がスポット域である点にはシストを形成する生活史特性が関係している. 海水中の栄養細胞の発生はシストからの発芽を起源とするため, シストは原因プランクトンの初期発生規模に直接影響し, その後の貝毒発生に関与する. よって, シストの存在量はその海域の貝毒発生リスクを直接示している. シストの存在量の増加は, 前シーズンのその海域の栄養細胞の増加によって起こるが, 海底のシストの表層存在量は海域での大きなイベントによっても変化する. かつてのチリ地震津波, 東北太平洋沖大地震の津波は, その後の麻痺性貝毒の発生状況を大きく悪化させた[26]. これは, 津波による海底の撹乱が原因プランクトンのシストの海底表面への集積をもたらし, 発芽した原因プランクトンの初期個体群の増加を引き起こすことで出現密度を高めたと解釈されている[27]. 震災津波後の麻痺性貝毒の状況については8章の中で詳しく紹介されている. また, 麻痺性貝毒はかつて東日本に限定されていたが, 現在では西日本へも拡大し, 日本各地で発生する問題となっている[28]. とくに, 1992年以降の広島湾, 2002年以降の大阪湾での *A. tamarense* による麻痺性貝毒の発生は顕著であり, 大阪湾では現在でも高いシスト密度が認められ, 本種の発生リスクは現在も高い. 西日本への本種による貝毒発生域拡大の理由は, 潮流による伝播よりもカキなどの種苗の移動や船舶運航のような人間活動によると推定され[29], 発生域がスポット的である現象もこのことを裏付けている. ただし, 移動先での定着には, その場の環境が原因種の増殖条件に適合していることも関係するであろう. これまでほとんど麻痺性貝毒が発生しなかった大阪湾での最近の頻発の原因には, 高濃度であった栄養塩レベルが低下し, 高い栄養塩レベルで増殖しやすい珪藻類が増えにくくなり, それと競合する *A. tamarense* が増殖しやすくなっていると考えられている[22].

　G. catenatum の増殖温度域は幅広いが, 比較的高い至適温度は[6], 西日本に限定した出現を説明している. 三重県や瀬戸内海での本種貝毒の発生時期は夏季であり, 実際の増殖に適した環境のもとで増殖していると考えられるが[30], 比較的低い水温時期である秋季から冬季, 春季に高密度化し, 本種の貝毒が発生する場合もある. これは, この時期に湾内外の表層海水の密度差によって起こる湾外から湾内への逆エスチュアリー循環によって, プランクトン全体が湾

奥に集積されやすくなるが，栄養塩類の消費競争で勝る珪藻類の遊泳能力が小さいためこの流れにより流出する中で，本種は増殖して高密度化し，二枚貝の毒化を引き起こすと解釈されている[31,32]．これは，湾の海水交換の特性も貝毒発生の原因になることを意味している．

4・2 下痢性貝毒

麻痺性貝毒と同様に，農林水産省消費・安全局で集計した情報をもとに，2012〜2015年の下痢性貝毒による二枚貝などの出荷自主規制状況を取りまとめた（表7・3）．下痢性貝毒の発生は東日本にほとんど限られている点が大きな特徴である．主要な原因種である *D. fortii* や *D. acuminata* は，日本各地で出現するのにもかかわらず，貝類の毒化が地域限定的である点が興味深い．明確な理由はいまだ明らかではないが，細胞毒量の違いや発生時期の温度の違いによる二枚貝の代謝の違いが関係すると考えられる．*D. acuminata* は比較的内湾性が強く，冬季も内湾に出現するケースがあるが，*D. fortii* の増加は東北北部日本海側を含めて広域的に起こり，発生状況が隣接する県間での連動が認められる．かつて *D. fortii* の発生状況が東北地方関係県により広域的に調査され〔水産庁委託事業「重要貝類毒化対策事業（広域分布調査）」〕，本種は，春先に津軽暖流系水およびそれに端を発する沿岸流によって輸送され，それぞれの海域の異水塊との混合域，境界域で増殖すると解釈された[33]．さらに，岩手県越喜来湾での1993〜2003年の定点調査の結果でも，*D. fortii* が活発に増殖したと考えられる時期の水温，塩分は，津軽暖流水と沿岸表層水との混合水塊の特性を示すことが示されている[34]．しかし，それをさらにサポートするような調査研究は進んでいないため，いまだ現場での *D. fortii* の出現，増殖機構の多くは不明である．また，過去の下痢性貝毒発生状況の変化を見ると，1990年ごろを境に発生しやすい状況から発生しにくい状況へとレジームシフト的に変化したことが判った[35]．このことから，主な原因種である *D. fortii* の出現が，海洋システムの変化に連動している可能性がある．

4・3 原因種の出現密度と毒化の関係

貝毒原因プランクトンの細胞毒量は，そのときの環境条件や増殖相によって大きく変化するため，細胞密度だけでは二枚貝の毒化の状況を詳細に推定することは困難であるが，その後の貝毒発生を事前に察知する目安として有効であ

7章 わが国の二枚貝の毒化と貝毒原因プランクトンの海域による特徴　121

表7・3　わが国の下痢性貝毒による出荷自主規制状況（2012〜2015年）[*1]

地方／海域	都道府県	下痢性貝毒による出荷自主規制対象種[*2]				原因プランクトン[*3]
		2012年	2013年	2014年	2015年	
北海道（太平洋）	北海道	●		●	●★	*D. acuminata, D. norvegica*
北海道（オホーツク海）	北海道			●		*D. fortii*
東北	青森（陸奥湾）		●			*D. fortii, D. acuminata*
	青森（太平洋）		○●			?
	岩手		○●	●★	★	*D. acuminata, D. fortii*
	宮城	○	○●	○●	○	*D. fortii, D. acuminata*
	茨城	○				*Dinophysis* spp.
関東		全期間事例なし				
中部		全期間事例なし				
近畿		全期間事例なし				
瀬戸内海		全期間事例なし				
四国（太平洋）		全期間事例なし				
九州		全期間事例なし				
中国（日本海）		全期間事例なし				
近畿（日本海）		全期間事例なし				
中部（日本海）	新潟		◆			?
東北（日本海）	山形		◆	◆		?
	秋田		◆			*D. fortii*, ?
	青森	○	○●	○●	○	?
北海道（日本海）		全期間事例なし				

○ムラサキイガイ，△マガキ，▽イワガキ，●ホタテガイ，□アサリ，◎ヒオウギガイ，×二枚貝類，◇シジミ（ヤマトシジミ），☆アカガイ，⊠トリガイ，▲アカザラガイ，■トゲクリガニ，※ウチムラサキ，★ホヤ，◆イガイ
[*1] 各道府県からの貝毒発生に関する情報をもとに作成．
[*2] 表示は各海域の一部での発生事例を示す．年をまたぐ同一発生事例も各年の発生として表示．
[*3] 原因プランクトンは全期間の発生事例で特定された種類を列挙．？は原因種不明または"特定せず"（検査海域での調査なしを含む）を示す．*Dinophysis* spp. は，*Dinophysis* 属の種名まで特定されなかったことを示す．

り，麻痺性貝毒については，いくつかの地方自治体で注意や警戒を促す密度が設定されている．*A. catenella* では，警戒密度として 5 万 cells/L 以上（大阪府[*4]，兵庫県）や 10 万 cells/L 以上（山口県徳山湾[36]）という例があり，大阪府では，*A. tamiyavanichii* と *G. catenatum* について，ともに 1000 cells/L 以上の注意密

度が設定されている[*5]．*A. tamarense* の場合，北日本では，注意密度 50 cells/L 以上（警戒密度 100 cells/L 以上）（北海道[*6]）や貝毒発生の目安として数十 cells/L 以上（宮城県[*7]）が示されている．一方，西日本では，大阪府や兵庫県での注意密度が 5000 cells/L というように，北日本よりも 1 桁以上高い[*5]．このように，毒化を起こす密度が北日本と西日本で異なり，原因種の細胞密度の解釈に注意が必要である．北日本と西日本の毒化に関与する細胞密度の違いには，培養条件で得られた両地域の株の毒組成に違いがないので，環境条件による細胞毒量の変化が二枚貝の毒化に影響を及ぼすと考えられる．西日本での貝毒発生時期が 15℃ 前後のころとすれば北日本では 10℃ 以下の場合が多い．*A. tamarense* の細胞毒性は 8℃ の値が 16℃ の 3 倍程度高いことが確認され[37]，低水温による増殖速度の低下は細胞毒量を増加させることが他の種でも確認されている[38]．こうした増殖時の水温の違いは，現場における細胞毒量の違いに影響を及ぼしているのかもしれない．また，水温の違いによる二枚貝の摂餌活性や毒の代謝への影響も，上記のような地域差に関与している可能性もある．

　下痢性貝毒原因種である *D. fortii* については，宮城県では貝毒発生の目安の密度として 100 cells/L 以上[*6]とされているが，大阪府や兵庫県では注意密度として 5 万 cells/L 以上と示され[*7]，両者には 2 桁の開きがある．この違いには，過去の下痢性貝毒の発生状況の違いも関係していると思われる．

§5. 今後の貝毒監視に向けて

　以上のように，二枚貝の毒化の仕方はきわめて多様であり，その違いは，その海域の環境条件，原因種の種類や細胞毒量，生息または養殖している貝種の違いに起因している．貝毒監視は二枚貝などの毒量によってダイレクトに生産物としての安全性の評価が行われることが基本となるが，頻繁に貝毒が発生する海域では，発生機構の解明とともに，発生の事前予測や発生後の趨勢の予測が求められる．そのためには，その場の原因プランクトンの出現状況やそれら

[*4] http://www.kannousuiken-osaka.or.jp/suisan/gijutsu/kaidoku/mahi.html

[*5] http://www.hro.or.jp/list/fisheries/research/central/section/kankyou/kaidoku/att/yomikata.pdf

[*6] http://www.pref.miyagi.jp/uploaded/attachment/379784.pdf

[*7] http://www.kannousuiken-osaka.or.jp/suisan/gijutsu/kaidoku/geri.html

が保有する毒成分，およびそれらに関係する環境情報を集積し，各地域の特性に応じた解析や解釈をしていかなくてはならない．8章および9章で紹介される事例は，関係する各機関の精力的な調査研究でそのような情報が蓄積され，解析されたものである．今後，各地域で行政対応にあたる試験研究機関の役割が多様化することが予想されるが，貝毒リスク監視への重要性は変わらないと思われる．そのため，調査研究の効率化が必要であり，より現場で有効に使用できる技術の開発と普及が求められるであろう．現在，使用され始めているELISAやLAMP法[*8]のような比較的現場に導入しやすい技術の応用や，原因プランクトン監視のために広く実施されている顕微鏡観察を助けるような技術開発の進展に期待したい．

文献

1) 板倉 茂．現場海域における Alexandrium 属の個体群動態．「貝毒研究の最先端－現状と展望」（今井一郎，福代康夫，広石伸互編）恒星社厚生閣．2007; 76-84.

2) Hashimoto T, Matsuoka S, Yoshimatsu S, Miki K, Nishibori N, Nishio S, Noguchi T. First paralytic shellfish poison (PSP) infestation of bivalves due to toxic dinoflagellate Alexandrium tamiyavanichii, in the southeast coasts of the Seto Inland Sea, Japan. J. Food Hyg. Soc. Japan 2002; 43: 1-5.

3) Oh SJ, Matsuyama Y, Nagai S, Itakura S, Yoon YH, Yang HS. Comparative study on the PSP component and toxicity produced by Alexandrium tamiyavanichii (Dynophyceae) strains occurring in Japanese costal water. Harmful Algae 2009; 8: 362-368.

4) Hakanen P, Suikkanen S, Franzén J, Franzén H, Kankaanpää H, Kremp A. Bloom and toxin dynamics of Alexandrium ostenfeldii in a shallow embayment at the SW coast of Finland, northern Baltic Sea. Harmful Algae 2012; 15: 91-99.

5) 結城勝久，吉松定昭．屋島湾における渦鞭毛藻 Alexandrium minutum Halim と Alexandrium ostenfeldii (Paulsen) Balech et Tangen の出現．香川県赤潮研究所研究報告 2012; 8: 1-6.

6) 加賀新之助，関口勝司，吉田 誠，緒方武比呂．岩手県沿岸に出現する Alexandrium 属とその毒生産能．日水誌 2006; 72: 1068-1076.

7) Yamamoto T, Oh SJ, Kataoka Y. Effects of temperature, salinity and irradiance on the growth of the toxic dinoflagellate Gymnodinium catenatum (Dinophyceae) isolated from Hiroshima Bay, Japan. Fish. Sci. 2002; 68: 356-363.

8) Bravo I, Anderson DM. The effects of temperature, growth medium and darkness on excystment and growth of the toxic dinoflagellate Gymnodinium catenatum from northwest Spain. J. Plankton Res. 1994; 16: 513-525.

9) Mackenzie L, White D, Oshima Y, Kapa J. The resting cyst and toxicity of Alexandrium

---

[*8] LAMP法（Loop-Mediated Isothermal Amplification）とは，標的遺伝子の配列から6つの領域を選んで組み合わせた4種類のプライマーを用いて，鎖置換反応を利用して増幅させる方法である．

ostenfeldii (Dinophyceae) in New Zealand. *Phycologia* 1996; 35: 148-155.

10) Park MG, Kim S, Kim HS, Myung G, Kang YG, Yih W. First successful culture of the marine dinoflagellate *Dinophysis acuminata*. *Aquat. Microb. Ecol.* 2006; 45: 101-106.

11) Nagai S, Nishitani G, Tomaru Y, Sakiyama S, Kamiyama T. Predation by the toxic dinoflagellate *Dinophysis fortii* on the ciliate *Myrionecta rubra* and observation of sequestration of ciliate chloroplasts. *J. Phycol.* 2008; 44: 909-922.

12) Nishitani G, Nagai S, Sakiyama S, Kamiyama T. Successful cultivation of the toxic dinoflagellate *Dinophysis caudata* (Dinophyceae). *Plankton Benthos Res.* 2008a; 3: 78-85.

13) Nishitani G, Nagai S, Takano Y, Sakiyama S, Baba K, Kamiyama T. Growth characteristics and phylogenetic analysis of the marine dinoflagellate *Dinophysis infundibulus* (Dinophyceae). *Aquat. Microb. Ecol.* 2008b; 52: 209-221.

14) Nagai S, Suzuki T, Kamiyama T. Successful cultivation of the toxic dinoflagellate *Dinophysis tripos* (Dinophyceae). *Plankton Benthos Res.* 2013; 8: 171-177.

15) Satake M, MacKenzie L, Yasumoto T. Identification of Protoceratium reticulatum as the biogenetic origin of yessotoxin. *Nat. Toxins* 1997; 5: 164-167.

16) Hoshiai G, Suzuki T, Kamiyama T, Yamasaki M, Ichimi K. Water temperature and salinity during the occurrence of *Dinophysis fortii* and *D. acuminata* in Kesennuma Bay, northern Japan. *Fish. Sci.* 2003; 69: 1303-1305.

17) Suzuki T, Miyazono A, Baba K, Sugawara R, Kamiyama T. LC–MS / MS analysis of okadaic acid analogues and other lipophilic toxins in single-cell isolates of several *Dinophysis* species collected in Hokkaido, Japan. *Harmful Algae* 2009; 8: 233-238.

18) Kamiyama T, Nagai S, Suzuki T, Miyamura K. Effect of temperature on production of okadaic acid, dinophysistoxin-1, and pectenotoxin-2 by *Dinophysis acuminata* in culture experiments. *Aquat. Microb. Ecol.* 2010; 60: 193-202.

19) 高田久美代, 妹尾正登, 東久保 靖, 高辻英之, 高山晴義, 小川博美. マガキ, ホタテガイおよびムラサキイガイにおける麻痺性貝毒の蓄積と減毒の差異. 日水誌 2004; 70: 598-606.

20) 加賀新之助, 関口勝司, 佐藤 繁, 児玉正昭. 大船渡湾における二枚貝およびマボヤの麻ひ性貝毒による毒化状況. 岩手水技セ研報 2003; 3: 63-70.

21) Ikeda T, Matsuno S, Sato S, Ogata T, Kodama M, Fukuyo Y, Takayama H. First report on paralytic shellfish poisoning caused by *Gymnodinium catenatum* Graham (Dinophyceae) in Japan. In: Okaichi T, Anderson DM, Nemoto T (eds). *Red Tide: Biology, Environmental Science and Toxicology*. Elsevier. 1989; 411-414.

22) 山本圭吾, 中嶋昌紀, 田渕敬一, 濱野米一. 2007年春期に大阪湾で発生した *Alexandrium tamarense* 新奇赤潮と二枚貝の高毒化. 日本プランクトン学会報 2009; 56: 13-24.

23) Sekiguchi K, Sato S, Kaga S, Ogata T, Kodama M. Accumulation of paralytic shellfish poisoning toxins in bivalves and an ascidian fed on *Alexandrium tamarense* cells. *Fish. Sci.* 2001; 67: 301-305.

24) Oikawa H, Satomi M, Watabe S, Yano Y. Accumulation and depuration rates of paralytic shellfish poisoning toxins in the shore crab *Telmessus acutidens* by feeding toxic mussels under laboratory controlled conditions. *Toxicon* 2005; 45: 163-169.

25) 厚生労働省. 麻痺性貝毒による二枚貝等の捕食生物の毒化について（医薬食品局食品安全部監視安全課長通知）. 食安監発第0413003号. 2004.

26) 加賀新之助, 渡邉龍一, 長井 敏, 神山孝史, 鈴木敏之. 東日本大震災後の岩手県大船渡湾における *Alexandrium tamarense* によ

る貝類の毒化. 月刊海洋 2012; 44: 321-327.
27) Kamiyama T, Yamauchi H, Nagai S, Yamaguchi M. Differences in abundance and distribution of *Alexandrium* cysts in Sendai Bay, northern Japan, before and after the tsunami caused by the Great East Japan Earthquake. *J. Oceanogr.* 2014; 70:185-195.
28) 今井一郎, 板倉 茂. わが国における貝毒発生の歴史的経過と水産業への影響.「貝毒研究の最先端－現状と展望」(今井一郎, 福代康夫, 広石伸互編) 恒星社厚生閣. 2007; 9-18.
29) 長井 敏. *Alexandrium* 属の個体群構造と分布拡大要因の解明.「貝毒研究の最先端－現状と展望」(今井一郎, 福代康夫, 広石伸互編) 恒星社厚生閣. 2007; 85-99.
30) 畑 直亜, 箭 洋, 中西尚文. 三重県沿岸海域における麻痺性貝毒の発生状況. 三重県水産研究所研究報告 2013; 22: 37-47.
31) 阿保勝之, 宮村和良. 冬季, 猪串湾と小蒲江湾に出現する *Gymnodinium catenatum* の個体群形成に影響する海況条件. 水産海洋研究 2005; 69: 284-293.
32) 宮村和良. 猪野串湾における有毒渦鞭毛藻 *Gymnodinium catenatum* の出現特性およびヒオウギガイ毒化の解明に関する研究. 大分県水試調研報 2007; 1: 7-64.
33) 岩崎 順. 東北・北海道沖合海域における *Dinophysis fortii* の分布動態 5 ヶ年の推移. 重要貝類毒化対策事業 5 ヶ年の調査研究のとりまとめ 東北・北海道ブロック. 水産庁. 1988: 3-9.
34) 小池一彦, 高木 稔, 瀧下清貴. *Dinophysis* 属の個体群動態と生理的特徴.「貝毒研究の最先端－現状と展望」(今井一郎, 福代康夫, 広石伸互編) 恒星社厚生閣. 2007; 100-117.
35) 貝毒研究分科会事務局. 特集「東日本における貝毒発生と環境との関係」. 平成 18 年度東北ブロック水産業関係研究開発推進会議海区水産業部会・分科会報告書, 独立行政法人水産総合研究センター東北区水産研究所. 2007; 44-64.
36) 宮村和良, 馬場俊典. 現場海域における貝毒モニタリングと二枚貝毒化軽減および毒化予察の試み.「貝毒研究の最先端－現状と展望」(今井一郎, 福代康夫, 広石伸互編) 恒星社厚生閣. 2007; 130-146.
37) Ogata T, Ishimaru T, Kodama M. Effect of water temperature and light intensity on growth rate and toxicity change in *Protogonyaulax tamarensis. Mar. Biol.* 1987; 95: 217-220.
38) Ogata T, Kodama M, Ishimaru T. Effect of water temperature and light intensity on growth rate and toxin production of toxic dinoflagellates. In: Okaichi T, Anderson DM, Nemoto T (eds). *Red Tides: Biology, Envronmental Science, and Toxicology.* Elsevier Sci. 1988; 423-426.
39) Oshima Y, Sugino K, Itakura H, Hirota M, Yasumoto T. Comparative studies on paralytic shellfish toxin profile of dinoflagellates and bivalves. In: Granéli E, Sundström B, Edler L, Anderson DM(eds). *Toxic Marine Phytoplankton.* Elsevier Sci. 1990; 391-396.
40) Shimada H, Motylkova IV, Mogilnikova TA, Mikami K, Kimura M. Toxin profile of *Alexandrium tamarense* (Dinophyceae) from Hokkaido, northern Japan and southern Sakhalin, eastern Russia. *Plankton Benthos Res.* 2011; 6: 35-41.
41) Kim CH, Sako Y, Ishida Y. Comparison of toxin composition between populations of *Alexandrium* spp. from geographically distant areas. *Nippon Suisan Gakkaishi.* 1993; 59: 641-646.
42) Ichimi K, Suzuki T, Ito A. Variety of PSP toxin profiles in various culture strains of *Alexandrium tamarense* and change of toxin profile in natural *A. tamarense* population. *J. Exp. Mar. Biol. Ecol.* 2002; 273: 51-60.
43) 石田基雄, 尊田佳子. 三河湾における *Alexandrium tamarense* の増殖とアサリの毒化について. 愛知県水試研報 2003; 10; 25-36.
44) 山本圭吾, 松山幸彦, 大美博昭, 有山啓之,

ブルーム盛期における麻痺性貝毒原因プランクトン *Alexandrium tamarense* の日周鉛直移動, 環境要因および細胞毒量の変化. 日水誌 2010; 76: 877-885.

45) 水田満里, 山田圭一. 広島県海域における麻痺性貝毒の原因プランクトン *Alexandrium tamarense* の毒成分. 広島県保健環境センター研究報告 1995; 3: 7-11.

46) Asakawa M, Miyazawa K, Takayama H, Noguchi T. Dinoflagellate *Alexandrium tamarense* as the source of paralytic shellfish poison (PSP) contained in bivalves from Hiroshima Bay, Hiroshima Prefecture, Japan. *Toxicon* 1995; 33: 691-697.

47) Asakawa M, Takayama H, Beppu R, Miyazawa K. Occurrence of paralytic shellfish poison (PSP)-producing dinoflagellate *Alexandrium tamarense* in Hiroshima Bay, Hiroshima Prefecture, Japan during 1993-2004 and its PSP profiles. *J. Food Hyg. Soc.* 2005; 46: 246-250.

48) 坂本節子, 長崎慶三, 松山幸彦, 小谷祐一. 徳山湾に発生した *Alexandrium catenella* 赤潮による二枚貝類の毒化-麻痺性貝毒の毒量および毒成分組成の比較. 瀬戸内水研報 1999; 1: 55-61.

49) 高田久美代, 山田圭一, 小川博美. 広島県海域における麻痺性貝毒の原因プランクトン *Alexandrium catenella* の毒組成. 広島県保健環境センター研究報告 2000; 8: 1-5.

50) Takatani T, Akaeda H, Kaku T, Miyamoto M, Mukai H, Noguchi T. Paralytic shellfish poison infestation to oyster *Crassostrea gigas* due to dinoflagellate *Gymnodinium catenatum* in the Amakusa Islands, Kumamoto Prefecture. *J. Food Hyg. Soc. Japan* 1998b; 39: 292-295.

51) Samsur M, Takatani T, Yamaguchi Y, Sagara T, Noguchi T, Arakawa O. Accumulation and elimination profiles of paralytic shellfish poison in the short-necked clam tapes japonica fed with the toxic dinoflagellate *Gymnodinium catenatum*. *J. Food Hyg. Soc. Japan* 2010; 48: 13-18.

52) Takatani T, Morita T, Anami A, Akaeda H, Kamijo Y, Tsutsumi K, Noguchi T. Appearance of *Gymnodinium catenatum* in association with the toxification of bivalves in Kamae, Oita Prefecture, Japan. *J. Food Hyg. Soc. Japan* 1998a; 39: 275-280.

53) Oh SJ, Matsuyama Y, Yoon YH, Miyamura K, Cho CG, Yang HS, Kang IJ. Comparative analysis of paralytic shellfish toxin content and profile produced by dinoflagellate *Gymnodinium catenatum* isolated from Inokushi bay, Japan. *J. Fac. Agr., Kyushu Univ.* 2010; 55: 47-54.

54) Negri AP, Bolch CJS, Geier S, Green DH, Park TG, Blackburn SI. Widespread presence of hydrophobic paralytic shellfish toxins in *Gymnodinium catenatum*. *Harmful Algae* 2007; 6: 774-780.

55) Oshima Y, Blackburn SI, Hallegraeff GM. Comparative study on paralytic shellfish toxin profiles of the dinoflagellate *Gymnodinium catenatum* from three different countries. *Mar. Biol.* 1993; 116: 471-476.

56) 相良剛史, 谷山茂人, 吉松定昭, 高谷智裕, 橋本多美子, 西堀尚良, 西尾幸郎, 荒川 修. 瀬戸内海播磨灘で発生した有毒渦鞭毛藻 *Alexandrium tamiyavanichii* と毒化ムラサキイガイの毒性と毒成分. 食衛誌 2010; 51: 170-177.

57) Ogata T, Pholpunthin P, Fukuyo Y, Kodama M. Occurrence of *Alexandrium cohorticula* in Japanese coastal water. *J. Appl. Phycol.* 1990; 2: 351-356.

8章　東北沿岸域の貝毒とその震災後における変化と傾向

田邉　徹[*1]・加賀克昌[*2]

§1. 震災後の宮城県沿岸における*Alexandrium*属シストの分布とリスク評価

1・1　貝毒監視体制の概要

　宮城県沿岸では主に，春期に麻痺性貝毒，初夏に下痢性貝毒が発生し，二枚貝類の生産に影響を及ぼしている．県は国の通知（平成27年3月6日付26消安第6073号農林水産省消費・安全局長通知）に基づき二枚貝などの種類ごとに貝毒監視海域区分を設定し，業界団体と協力して定期的に貝毒検査を実施することで毒化した貝が流通しないよう未然防止を図っている．

　宮城県沿岸で生産される二枚貝などの種類は多岐にわたり，生産状況も地域の特色が反映されている．このため，県はカキおよびアサリで13海域，ホタテガイで8海域，ウバガイで4海域，その他の二枚貝など（アカガイ，ムラサキイガイ，トゲクリガニなど）で3海域の貝毒監視海域区分を設定している（平成28年1月6日付水整第671号宮城県農林水産部長通知）．このうち，中・北部の海域を湾ごとに分割し，かつ仙台湾を南部海域の1海域としているホタテガイの貝毒監視海域区分と，その他二枚貝などの3海域区分を参考として図8・1に示した．以下では，ホタテガイの貝毒監視海域区分を基準に震災後の宮城県沿岸における麻痺性貝毒のリスク管理方法について検討を行った．

1・2　麻痺性貝毒の発生状況

　1992年から2016年までの県の公表資料（宮城県農林水産部水産業基盤整備HP）[*3]をもとに，麻痺性貝毒による出荷自主規制状況を図8・2に示す．海域ご

[*1] 宮城県水産技術総合センター気仙沼水産試験場
[*2] 岩手県水産技術センター
[*3] https://www.pref.miyagi.jp/soshiki/suikisei/kaidoku.html

図8・1 宮城県における貝毒の監視海域例
ホタテガイの貝毒監視海域（8海域），カキ，アサリ，ホタテガイ，ウバガイを除くその他二枚貝等の監視海域（3海域）．

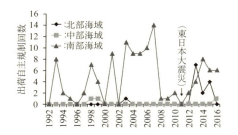

図8・2 1992年から2016年までの宮城県内3海域（北・中・南部海域）における年ごとの麻痺性貝毒による出荷自主規制回数の推移

とにみると，震災前では主に麻痺性貝毒が発生しているのは南部海域で，中部海域でもわずかに見られるものの，北部海域ではほとんど発生していない．一方，震災後は北部海域，とくに気仙沼湾で顕著に多く発生している．2013年に気仙沼湾で発生した麻痺性貝毒は，1989年以来であり，地域の主要な生産品目であるホタテガイの出荷自主規制期間が約10ヶ月と長期間に及び，気仙沼湾周辺地域の復興を目指すホタテガイ生産者に大きな影響を及ぼした．

1・3 シスト（休眠接合子）分布調査

宮城県では，麻痺性貝毒の原因生物として，渦鞭毛藻の *Alexandrium tamarense* および *Alexandrium catenella* に注意が必要である[1]．両種はシストを形成し，環境条件により発芽し，栄養細胞（プランクトン）となって細胞分裂により増殖し，栄養細胞は一時的な環境悪化などにより再びシストを形成し休眠する[2]．このシストは栄養細胞の供給源となっており[3]，次年度以降の貝毒発生の可能性を推察する有用な指標とされている[4]．一方，シストの分布密度は，栄養細胞からの補給機構が重要と考えられており[5]，シストの分布状況は，供給源であることに加えて，栄養細胞の集積状況を把握するうえでも重要と推察される．ま

た，東日本大震災後，宮城県海域では，津波による海底撹乱が原因と考えられているシスト密度の増加が気仙沼湾[6,7]および仙台湾[8]で報告されているが，全県的な調査は行われておらず，震災後の全県的な麻痺性貝毒リスクについては不明な状況であった．このため，まず県内沿岸域のシスト分布状況について調査を実施した．

シスト分布を把握するため，2015年7月に全県8海域76点において海底堆積物の採取を試み，底質が岩盤であった唐桑半島東部の調査点を除く7海域73点において採取できた海底堆積物に含まれる*Alexandrium*属シストを，プリムリンで染色し計数した後[9]，海底堆積物の単位体積当たりの密度[10]に変換した．*A. tamarense*と*A. catenella*のシストは，外見からの区別がつかないため[11]，ここでは*Alexandrium*属シストとしてまとめて報告するが，定量PCRによるシスト種判別の結果，宮城県沿岸では90％以上が*A. tamarense*のシストであったとされている（坂見ら未発表）．また，仙台湾および気仙沼湾については，震災前後に行われた複数回のシスト調査結果を取りまとめた．

調査の結果，全県的なシストの分布状況は図8・3の通りであり，県内沿岸

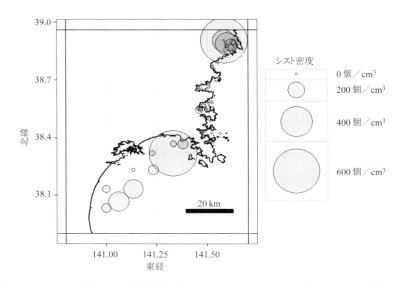

図8・3　2015年に実施した宮城県沿岸海域における*Alexandrium*属シストの密度（個／cm³）分布図

の 5 海域において Alexandrium 属シストが確認された．このうち，比較的シスト密度が高かったのは気仙沼湾および仙台湾であった．気仙沼湾と仙台湾で過去に行われたシスト調査の報告[6-8,12-14]および宮城県水産技術総合センターが実施したシスト調査のそれぞれの調査回次におけるシスト密度の最大値の推移を図 8・4 に示す．気仙沼湾と仙台湾ともに，東日本大震災直後で密度の著しい増加が確認された．これは，東日本大震災の直後，底土の深層に存在していた古いシストが津波によって底土ごと水中に巻き上げられ，比重が比較的軽いシストがゆっくりと降り積もった結果，底土表層付近にシストが集積したためと考えられている[6,8]．仙台湾および気仙沼湾で一時的に増加したシスト密度も近年は低下傾向にあるものの，今後もモニタリングを継続し動向を注視していく必要がある．

仙台湾と気仙沼湾以外の海域では，追波湾，女川湾・牡鹿半島東部および雄勝湾においても密度は低いもののシストが確認された．一方，志津川湾や小泉・伊里前湾ではシストは確認されなかった．すなわち，震災後に確認されたシスト密度の増加の程度は，海域により大きく異なることが明らかとなった．これは，Alexandrium 属の栄養細胞の過去の発生状況や，海域の性状，環境条

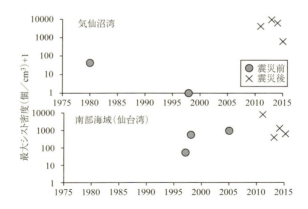

図 8・4　震災前後における各海域の調査ごとにおける最大シスト密度（個／cm³）＋1 の推移
　　　気仙沼湾については，1980 年：福代[12]，2000 年：一見ら[13]，2012 年：西谷ら[6]，2013 年：西谷ら[7]，2014 および 2015 年：宮城県調査による．
　　　仙台湾については，1997，1998，2013，2014 および 2015 年：宮城県調査，2005 および 2011 年：Kamiyama et al.[8]による．

件の違いなど，複数の要因の結果であろう．

1・4　震災前後の二枚貝類の毒量の推移

　貝毒により毒化した二枚貝類の市場流通を未然に防ぐためには，その海域で生産される二枚貝類毒量の定期的なモニタリングが最も効果的な方法と考えられる．前述の通り，宮城県では生産者団体と行政が協力し，二枚貝などの種類に応じて，海域ごとに貝毒の検査を行っている．震災後に一部の海域でシスト密度が増加したことを示したが，ここでは県内で周年貝毒検査が行われているホタテガイの中腸腺毒量を用い，震災前後の毒量の推移を比較した．なお，仙台湾についてはホタテガイの生産がないことからムラサキイガイの値を用いているが，個別の海域における震災前後の比較であることから，貝種の違いは影響を及ぼさないと判断した．

　各海域で震災前と震災後の毒化状況を図8・5に示す．毒量に差はあるものの，いずれの海域においても震災前後とも麻痺性貝毒が検出されており，宮城県沿岸域ではいずれの海域においても震災前から麻痺性貝毒による毒化リスクはあったことがわかる．とくに震災後有意に毒量が上がった海域は，気仙沼湾と小泉・伊里前湾であり，その他の海域では震災前後の毒量に明確な変化は見られなかった．

1・5　宮城県沿岸域の麻痺性貝毒のリスク評価

　リスクの評価方法はその要因によって異なるが，一般的に発生の可能性と発生したときの被害状況との積で表されることが多い．海域における麻痺性貝毒のリスク分析には様々な方法が考えられるが，ここではシストの密度を発生の可能性として，震災後の毒量を被害の大きさの指標としてリスク評価を試みた．なお，仙台湾についてはムラサキイガイの値を評価に用いた．ただし，ムラサキイガイはホタテガイと比べ毒量減衰速度が速く，同所であればホタテガイの毒量がより高くなるとされている[15]．しかし，仙台湾は気仙沼湾以外の他の海域と比較しても高毒化する海域であり（図8・5），今回の解析の結果に影響は及ぼさないと判断した．図8・6は，今回の調査において，各海域で確認された最大シスト密度を横軸に，震災後の各海域における最大毒量（中腸腺）を縦軸とした散布図である．

　この図の示すところは，上方向にプロットされた海域ほど毒量が高い海域で

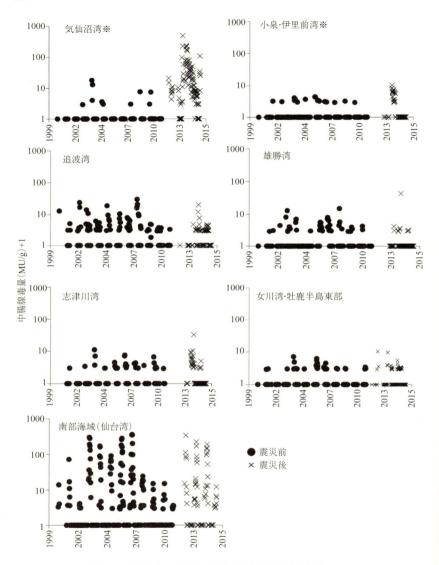

図 8·5　宮城県内の各海域における麻痺性貝毒検出状況
　　　　※震災前後で有意差あり（$P < 0.01$, Welch の t 検定）.

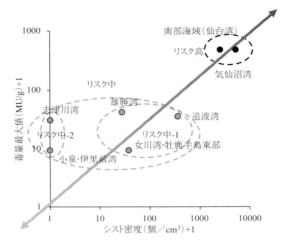

図8・6 宮城県内各海域における麻痺性貝毒リスク評価図

あり，右方向にプロットされた海域ほど高密度にシストが存在する海域である．相対的に右上にプロットされれば高密度のシストがありかつ高毒化する，すなわち，麻痺性貝毒リスクが高いことが推察される．各プロットの位置関係から，仙台湾および気仙沼湾のグループと，それ以外の海域のグループとに分けることができる．すなわち，仙台湾および気仙沼湾は高い密度でシストが存在し，かつ高毒化する可能性が高く，麻痺性貝毒の発生リスクが高い海域といえる．それ以外の海域については，いずれも毒化が確認されることからリスク中とした．このうち，女川湾，雄勝湾，追波湾については，シストもあり毒化は確認できるものの，高リスクとした海域と比べ毒量やシスト密度が低いことから，リスクを中-1，小泉湾および志津川湾については，シストの分布が確認できなかったが，毒化は確認されており，近接海域からの原因プランクトン流入による毒化が疑われることから，リスク中-2 と分類した．

　宮城県の沿岸域ではいずれの海域でも麻痺性貝毒による毒化は確認されており，安全な二枚貝類を市場に供給するためには貝毒検査は必要である．震災後に北部海域で麻痺性貝毒が問題になって以降，県は貝毒検査回数を大幅に拡充して対応してきた．今後，さらなる効果的かつ効率的な貝毒モニタリング体制

の構築に，今回のリスク評価結果が生かされることが望まれる．

§2. 岩手県沿岸における二枚貝などの毒化の特徴
2・1 貝毒原因プランクトンのモニタリング

岩手県では，1961年の大船渡湾における麻痺性貝毒の発生以来，ほぼ毎年同湾において春から夏にかけてホタテガイの毒化が確認されている[16]．また，秋から冬にかけては他の湾でも麻痺性による貝類などの毒化が確認されている．

前者の原因プランクトンは*A. tamarense*であり，主に底泥に存在するシストが発芽，増殖することにより毒化することが明らかとなっている．これに対し，後者の原因プランクトンは*A. catenella*である[17]．

本県では，主に麻痺性貝毒を対象として大船渡湾内，主に下痢性貝毒を対象として沿岸中央部の山田湾内に貝毒監視定点を設定している（図8・7）．前者ではほぼ周年，後者では5～9月までほぼ毎週の調査を実施し，水温などの環境情報とあわせて貝毒原因プランクトンの出現状況を関係者に提供している．

この他，1984年に観測された冷水の接岸時には，本県沿岸の広域で麻痺性貝毒が発生しており，漁業指導調査船（岩手丸）を活用した調査により沖合域で発生した*A. tamarense*が原因と考えられている[18]．近年，沖合を起源とする大規模な麻痺性貝毒の発生は確認されていないが，今後も注意が必要である．

本県沖合は親潮系冷水，黒潮系暖水と津軽暖水が複雑に混合する海域であり，2015年から長期的な貝毒原因プランクトンの動向把握を目的として，漁業指導調査船（北上丸）を活用した貝毒調査を追加しており，山田湾のデータと併

a：大船渡湾　　b：山田湾

図8・7　岩手県大船渡湾（a）と山田湾（b）の位置とモニタリング定点（★）

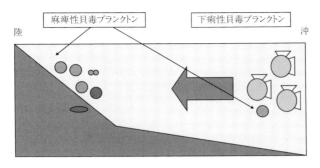

図 8・8 岩手県沿岸における麻痺性および下痢性貝毒プランクトンの出現イメージ

せて関係者に情報提供している．

このような定線観測時や，先に示した2点の監視定点におけるこれまでの貝毒調査結果から，本県沿岸における麻痺性および下痢性貝毒原因プランクトンの出現イメージを図に示す（図8・8）．

2・2 貝毒のモニタリング

本県沿岸では，ホタテガイの他，マガキなどの貝類が養殖されている．これら複数種の毒化の違いを調べ，貝毒監視の指標となる貝の種類を検討することを目的として，貝毒の蓄積状況を調査した[19]．調査対象は，大船渡湾貝毒監視定点の水深10 m付近に垂下した，ホタテガイ，マガキ，マボヤ，ムラサキイガイおよびアカガイである．同時に，麻痺性貝毒原因プランクトン *A. tamarense* の出現状況を調査した．調査時期は1998〜2001年の4年間，毒量の検査方法は，Oshima[20]の報告に従い，生物種別の毒蓄積量と減衰率を比較した．

生物種別の毒量蓄積レベルについて，1998年の例を示す（図8・9）．最高毒量を比較すると，ムラサキイガイが最高で，以下ホタテガイがその8割，マボヤが4割，マガキはムラサキイガイの1割であった．また，最高毒量の時期は4種で一致した．*A. tamarense* は6月に最大の出現が確認され，毒化のピークと一致した．

各年のすべての貝種などの最高毒量を100として各種の相対値を算出し，4年間の平均値として表示した（図8・10）．ホタテガイとムラサキイガイは，マ

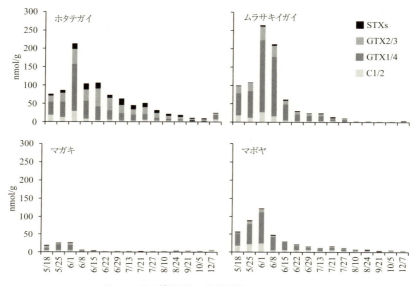

図8·9　貝の種類ごとの毒量蓄積レベル（1998年）

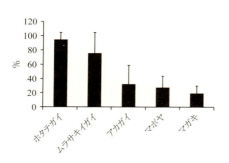

図8·10　貝類の種類による毒蓄積レベルの相対比
各年の最高毒力を100％としたときの割合を示す．

ガキおよびマボヤと危険率5％で有意差が認められた．すなわち，高毒化グループにはホタテガイおよびムラサキイガイが，低毒化グループにはマガキおよびマボヤが区分された．

生物種別の毒量減衰をマウス毒性で算出した結果について，1998年の例を示す（図8·11）．ホタテガイとマボヤは1日当たり2.4％の減衰速度と低く，ムラサキイガイは4.2％で，マガキは最も高く13.5％であった．マガキとホタテガイ，マガキとアカガイに危険率5％で有意差が認められた．すなわち，減衰速度はマガキが高く，アカガイおよびホタテガイは低い結果となった（図8·12）．

以上から，同一水深において *A. tamarense* により毒化した貝では，ホタテガ

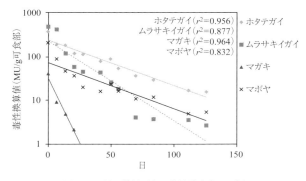

図8·11　貝の種類ごとの毒量減衰（1998年）

イが麻痺性を蓄積しやすく，減衰しにくいことが明らかとなった．これらの結果から，本県では周年出荷のあるホタテガイを貝毒のモニタリングの指標種として貝毒監視を行っている．

2・3　岩手県の貝毒監視体制

国の下痢性貝毒公定法の変更や貝毒に関する通知などの改正に伴い，本県でも関係規定が改

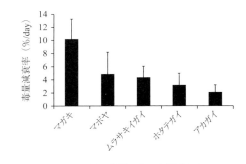

図8·12　貝の種間による毒量減衰率

正された[21,22]．貝毒監視の基本的な方針に変更はないが，以下にその特徴を述べる．

本県では，これまでホタテガイの貝毒検査を基本とした監視体制が構築されている．これは，先に述べた通りホタテガイが他の貝類と比較して麻痺性貝毒が蓄積しやく減衰しやすいことに加え，多くの海域で養殖されているため，検体が入手しやすいことも要因として挙げられる．

監視の対象種には，ホタテガイなどの二枚貝のほかマボヤやトゲクリガニなど貝以外も含めて11種が挙げられ，他の生物については県内での漁業，養殖業や遊漁の実態を踏まえて追加することとしている．

生産海域は，2006年に12海域に区分されて以降の変更はないが，ホタテガ

イに限らず監視の対象種すべてに同じ海域区分を適用することとしている．

これは，同一海域内で様々な貝種が複合的に養殖されている本県の実態があるためで，生産および流通の混乱により規制値を超えた貝類などが市場に流通することを防止する役割を果たしている．

本県の生産海域区分では，岩手県漁業協同組合連合会（以下，県漁連）が生産海域に調査点を定め，貝毒が蓄積する恐れのある期間内は，少なくとも週1回，ホタテガイを採取して貝毒検査を行っている．同時に，調査点で海水を採取し，岩手県水産技術センターがこれら海水中の貝毒原因プランクトンを計数している．

ホタテガイから国の通知で定める基準値を超えた貝毒量が検出された海域では，県漁連が生産・出荷状況を確認のうえ，貝種ごとに貝毒検査を再度行い，食品としての安全性を確認することとしている．

県漁連は，貝毒検査の結果とその原因プランクトンの出現状況を取りまとめ，併せてウェブサイトで公表しており，県と生産関係者が一体となって貝類などの安全確保に努めている．

東日本大震災津波から5年が経過し，貝類養殖も徐々に再開してきている．しかし，貝毒原因プランクトンが出現する海域では，麻痺性貝毒の高毒化や出荷規制期間の長期化から，貝類の毒化が深刻な問題となっている．今後も関係漁協，県漁連と県が一体となり，養殖生産の安定化による漁業者の所得向上を目指したい．

謝　辞

§1の検討を行うにあたり，底泥サンプルの一部をご提供いただいた，国立研究開発法人水産研究・教育機構 東北区水産研究所 坂見知子博士，および国立大学法人東北大学大学院農学研究科 原 素之博士に感謝申し上げる．

文　献

1) 増田義男, 奥村 裕, 太田裕達. 宮城県中南部海域における長期モニタリング調査（1993～2013年）による貝毒原因プランクトンの変遷. 宮城水産研報 2014; 14: 41-56.

2) 堀 輝三編.「藻類の生活史集成第3巻」. 内田老鶴圃. 1993.

3) Anderson DM, Wall D. Potential importance of benthic cysts of *Gonyaulax tamarensis* and

G. excavate in initiating toxic dinoflagellate blooms. *J. Phycol.* 1978; 14: 224-234.
4) Shimada H, Miyazono A. Horizontal distribution of toxic *Alexandrium* spp.（Dinophyceae）resting cysts around Hokkaido, Japan. *Plankton Biol. Ecol.* 2005; 52: 76-84.
5) 山口峰生, 板倉 茂, 今井一郎. 広島湾海底泥における有毒渦鞭毛藻 *Alexandrium tamarense* および *Alexandrium catenella* シストの現存量と水平・垂直分布. 日水試 1995; 61: 700-706.
6) 西谷 豪, 山本光夫, 夏池直史, 劉 丹, 吉永郁生. 気仙沼舞根湾の植物プランクトン動態. 海洋と生物 2012; 203: 545-555.
7) 西谷 豪, 山田雄一郎, 長坂翔子, 夏池直史, 吉永郁生. 2013 年に気仙沼舞根湾海域で発生した有害有毒プランクトン. 海洋と生物 2013; 209: 568-574.
8) Kamiyama T, Yamauchi H, Nagai S, Yamaguchi M. Differences in abundance and distributiou of *Alexandrium* cysts in Sendai Bay, northern Japan, before and after the tsunami caused by the Great East Japan Earthquake. *J. Oceanogr.* 2014; 70: 185-195.
9) Yamaguchi M, Itakura S, Imai I, Ishida Y. A rapid and precise technique for enumeration of resting cysts of *Alexandrium* spp.（Dinophyceae）in natural sediments. *Phycologia* 1995; 34: 207-214.
10) Kamiyama T. Determination of the abundance of viable tintinnid cysts in marine sediments in Hiroshima Bay, the Seto Inland Sea of Japan, using a modified MPN method. *J. Plankton Res.* 1996; 18: 1253-1259.
11) 吉田 誠, 松岡敷充, 福代康夫. 麻痺性貝毒原因渦鞭毛藻の種同定. 月刊海洋. 2001; 33: 689-694.
12) 福代康夫. 日本沿岸のプロトゴニオラックス属. 赤潮研究会分類班資料 No.3, 水産庁研究部漁場保全課・北里大学水産学部. 1981; 47-49.
13) 一見和彦, 山崎 誠, 鈴木敏之. 宮城県沿岸における *Alexandrium* 属シストの分布. 東北水研研報. 2000; 63: 119-124.
14) 石川哲郎, 日下啓作, 押野明夫, 西谷 豪, 神山孝史. 東日本大震災後の宮城県気仙沼湾における *Alexandrium* 属の栄養細胞とシストの分布パターン及び二枚貝類の毒化. 日水試 2015; 81:256-266.
15) 五十嵐輝夫, 藤田則孝. 宮城県における麻ひ性貝毒の出現状況. 宮城水産研報. 1982; 6: 12-22.
16) Ogata T, Kodama M, Fukuyo Y, Inoue T, Kamiya H, Matsuura F, Sekiguchi K, Watanabe S. The occurrence of *Protogonyaulax* spp. in Ofunato Bay, in association with the toxification of the scallop *Patinopecten yessoensis*. *Fish. Sci.* 1982; 48: 563-566.
17) 加賀新之助, 関口勝司, 吉田 誠, 緒方武比古. 岩手県沿岸に出現する *Alexandrium* 属とその毒生産能. 日水誌 2006; 72: 1068-1076.
18) 関口勝司, 渡部茂雄, 清水道彦, 齋藤 覚. 岩手県沿岸及び沖合に出現した *Protogonyaulax tamarensis* とホタテガイの毒化について. 東北水研研報. 1986; 48: 115-123.
19) 麻痺性貝毒により毒化した二枚貝およびマボヤの毒化状況. 平成 26 年度東北ブロック水産業関係研究開発推進会議貝毒研究分科会資料. 2014.
20) Oshima Y. Post-column derivatization HPLC method for the analysis of PSP. *J. AOAC Int.* 1995; 78: 795-799.
21) 生産海域における貝毒の監視及び管理措置について. 農林水産省消費・安全局. 2015.
22) 岩手県における貝毒の監視および管理措置要綱. 岩手県. 2016.

9章　西日本における貝毒の特徴とモニタリングの実際

山 本 圭 吾[*1]・藤 原 正 嗣[*2]・小 田 新 一 郎[*3]

§1. 大阪府沿岸における麻痺性貝毒モニタリング

　麻痺性貝毒による二枚貝の毒化は，1980年代までは主に東北，北海道など北日本における問題であったが，1980年代後半以降東海地方以西の西日本でも *Alexandrium tamarense*, *Alexandrium catenella*, *Gymnodinium catenatum* などによるアサリ，ヒオウギガイ，ムラサキイガイなどの毒化が確認され，貝毒発生海域の広域化，毒化貝種の多様化が進んでいる[1-3]。

　大阪湾東部（大阪府）海域では，1990年代まで麻痺性貝毒が出荷自主規制値（規制値）を超える事例はなかったが，2002年に *A. tamarense* による規制値を超える貝毒がアサリなどで確認された．それ以降，ほぼ毎年のように春季には *A. tamarense* が増殖し，二枚貝が規制値を超えて毒化するようになった．*A. tamarense* は同属の *A. catenella* に比べ大規模に増殖することは少ないとされるが[4]，大阪湾では頻繁に赤潮状態を呈し，その規模は拡大傾向にある．また，大阪湾ではアサリだけでなく，やや沖合域に生息するアカガイやトリガイ，さらには大阪湾奥に流入する淀川感潮域に生息するヤマトシジミにおいても毒化が確認されるなど[5]，他の海域ではあまり例のない貝種での貝毒発生が問題となっている．本節では，麻痺性貝毒による中毒被害を未然に防ぐため，大阪府が行っている原因プランクトンおよび二枚貝の毒化のモニタリング事例を紹介するとともに，大阪湾における貝毒発生の特徴と，現行モニタリングの問題点について述べる．

[*1] 地方独立行政法人大阪府立環境農林水産総合研究所 水産技術センター
[*2] 三重県水産研究所
[*3] 広島県立総合技術研究所 保健環境センター

1・1 貝毒モニタリング体制

大阪府では有害，有毒プランクトンの増殖に対応するため，2001 年に対策マニュアルが作成された（2007 年に改訂）．図 9・1 に現在大阪湾で実施されている貝毒モニタリング体制を示す．

大阪湾ではホタテガイやカキといった二枚貝の養殖がほとんど行われていない．そのため，二枚貝そのものの毒化モニタリングよりも，原因プランクトンのモニタリングを柱にして貝毒対策が実施されている．大阪湾においてこれまで確認されている麻痺性貝毒原因種は *A. tamarense*，*A. catenella*，*A. tamiyavanichii*，*G. catenatum* などであるが，とくに問題となるのは春季に増殖する *A. tamarense* である．対策マニュアルでは，原因プランクトンの増殖を指標として，プランクトンごとに注意密度，警戒密度を設定し，注意密度で調査体制の強化，警戒密度に達した場合二枚貝の検査に移行する．例えば *A. tamarense* の場合，大阪府においては 1 mL 当たり 5 細胞で注意密度，10 細胞を警戒密度と定めており，大阪府立環境農林水産総合研究所が行っているモニタリング調査において，警戒密度を超えて本種を確認すると行政機関が二枚貝のマウス毒

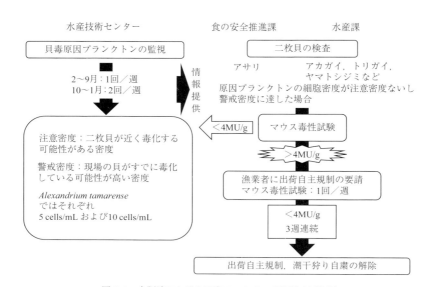

図 9・1　大阪湾における貝毒モニタリング体制（大阪府）

性試験などにより対応することになっている．マウス毒性試験によって規制値を上回る貝毒が検出されると，農林水産省の通知に従い出荷が規制されるが，上回らなかった場合は引き続きプランクトンをモニタリングし，警戒密度に従って，マウス毒性試験を実施する体制となっている．

1・2 貝毒原因プランクトンのモニタリング

貝毒原因プランクトンの調査は，貝毒の蓄積が懸念される2～9月は週1回，10～1月は月2回の頻度で実施している．図9・2に大阪湾における貝毒原因プランクトン調査定点を示す．調査のうち，月1回上旬に図9・2Aに示す全域の20定点で，それ以外は図9・2Bに示す東部海域の14定点ないしは定点aを除いた13定点で表層水を採水し，帰港後実験室において直接検鏡により試水1 mL中のプランクトンを計数することで対象種の細胞密度を求めてきた．これまでは現行体制で概ね対応できていたが，貝種によっては警戒密度確認時には

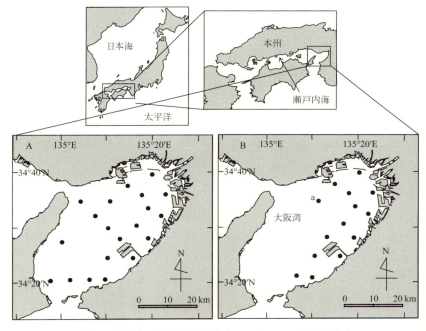

図9・2 大阪湾における貝毒原因プランクトンモニタリング定点
定点aについては2～5月のみ実施している．

すでに規制値を大きく上回っていることもあり（図9・3），注意密度，警戒密度の運用に改善の必要がある．

　二枚貝などの貝毒について，農林水産省より2016年4月に施行された「生産海域における貝毒の監視及び管理措置について」（平成27年3月6日付け消安第6073号農林水産省消費・安全局長通知）および「ホタテガイの貝毒に関する管理措置について」（平成27年3月6日付け消安第6112号農林水産省消費・安全局畜水産安全管理課長通知）を補完するために新たに作成されたガイドラインでは，「監視を行う生産海域の設定に当たっては，二枚貝などの生産状況，これまでの貝毒およびその原因となるプランクトンの発生状況，海流，水温などの海洋環境，行政区分，地域の実情などを勘案して海域を区分し設定する」とされ，貝毒原因プランクトンの監視においては「貝毒原因プランクトンの中で，海水中で表層と中・底層の間を日周鉛直移動する種も報告されているため，これらの種を監視する場合にはその生態を考慮して層別又は柱状など適切な採水方法を選択する」と記述されている．山本ら[6)]はこれまでのモニタリング結果から，大阪湾における2002～2016年の各年の最大増殖時の *A. tamarense* 分布を示し，原因プランクトンが主に大阪湾の東部海域，とくに関西国際空港島周辺海域や湾奥で大規模に増殖することを明らかにした．さらに，*A. tamarense* は日周鉛直移動を行うことが明らかにされており[7)]，表層よりも5～10 m層にピークをもつことが多いことも判明したことから[8)]，大規模増殖

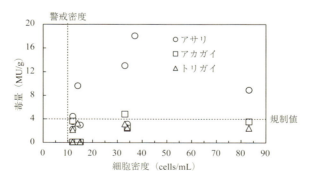

図9・3　*Alexandrium tamarense* の細胞密度が警戒密度を超えた直後のサンプリングにおける貝種別二枚貝毒量

が認められた海域を重点海域として，長さ 10 m のホースを用いた柱状採水を提案し，現在データを取得中である．

1・3 二枚貝の毒化モニタリング

貝毒原因プランクトンモニタリングの補完のため，簡易測定法（ELISA）による予備検査を検討した．図 9・4 には 2014 年のアカガイにおけるマウス毒性試験および同じサンプルを ELISA[9]，HPLC 法で分析した麻痺性貝毒の推移とそれぞれの相関を示す．ELISA による分析値の推移はマウス毒性試験，HPLC 法による推移とほぼ同じ傾向を示しており，それぞれ高い相関を示した．このことから，貝毒原因プランクトン調査と併せ，マウス毒性試験のスクリーニング法として簡易測定法による二枚貝分析を行うことで，より精度の高いモニタリング体制の構築が可能になると考えられた．

大阪湾においてモニタリングの対象となっている二枚貝は，アサリ，アカガイ，トリガイ，淀川感潮域で漁獲されるヤマトシジミの 4 種であり，すべて

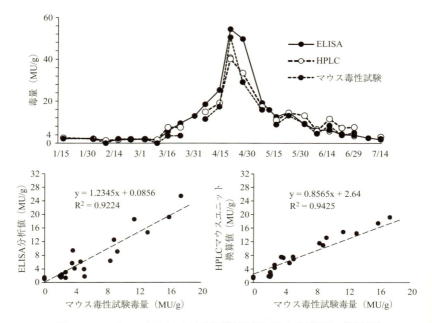

図 9・4　2014 年のアカガイにおける分析法別毒量変化と分析法間の相関関係

天然ものである．前述のガイドラインでは，調査点の設定において，「各生産海域の調査点として，海域内の漁場での操業や出荷の状況に応じて，過去の貝毒の発生状況などを基に，最も毒化が早く，より高毒化する地点を選定することが望ましい」としている．養殖が主であるホタテガイやカキの養殖二枚貝では最も毒量が高いと推定される場所，水深からサンプリングする体制の構築が可能なのに対し，天然二枚貝では漁場の範囲が広いことと，漁場内で毒量がどのように分布するか，推定が困難であることから，同等のサンプリングができない．図9・5にアカガイにおける行政機関が実施したマウス毒性試験結果とほぼ同じ時期に，標本船からサンプリングした本研究におけるマウス毒性試験結果との相関を示す．図9・4に示す通り当所での研究において，同じサンプルを使った場合のELISA，HPLC法とマウス毒性試験の毒性値の関係性は高かったが，行政機関が行ったマウス毒性試験結果とは有意な相関関係は確認されなかった．すなわち，同時期であっても採取したサンプルによって毒性値が異なる可能性が懸念される．このことから，漁場の違い，漁場内での個体の差による毒量のばらつきの把握が重要となる．そこで，図9・6に示すよう

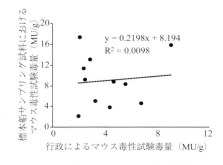

図9・5　2014年のアカガイにおける行政によるマウス毒性試験と同時期に実施した本研究でのマウス毒性試験間の相関関係

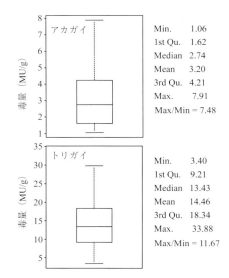

図9・6　アカガイ，トリガイにおける個体間の毒量のばらつき
　　　漁場不明の漁獲物30個体について個体別に毒量分析した．

に漁場が不明な同日採取のアカガイ,トリガイそれぞれ30個体について個体間のばらつきを確認したところ,アカガイで7.5倍,トリガイで11.7倍の毒量差があった.ここで得られたサンプルのばらつきから平均誤差範囲を算出し,サンプルサイズを検討した.結果の1例として表9·1にトリガイにおけるサンプリング個数ごとの平均誤差範囲を示す.条件としては重複なしの無作為抽出で,サンプリング個体数ごとにパソコン上で1万回の試行を行い,それぞれの平均値のばらつきを計算した.6章で松嶋が示した通り,下痢性貝毒の精度管理基準は70～120％とされていることから,仮に誤差の許容範囲を上下30％と仮定した場合,95％の確率で基準値を管理すると7個体,99％では11個体,誤差範囲20％だとそれぞれ12個体,18個体必要と算出された.今後管理水準をどこにおくかの議論は必要であるが,これらの結果から,精度を維

表9·1 2010年5月17日に漁獲されたトリガイにおける抽出数別平均値のばらつきの検討

N	Mean	5 percentile	1 percentile	0.1 percentile	Error5 (M-5p)	Error1 (M-1p)	Error0.1 (M-0.1p)	Error5/ Mean	Error1/ Mean	Error0.1/ Mean
5	8.1	5.3	4.4	3.6	2.8	2.7	4.5	34.7%	45.6%	55.0%
6	8.1	5.6	4.8	4.0	2.5	3.3	4.1	30.9%	41.2%	51.0%
7	8.1	5.8	5.0	4.2	2.3	3.1	3.9	28.1%	38.6%	48.1%
8	8.1	6.0	5.2	4.4	2.1	2.9	3.7	26.1%	35.6%	45.3%
9	8.1	6.2	5.5	4.8	2.0	2.6	3.4	24.2%	32.0%	41.4%
10	8.1	6.3	5.6	5.0	1.8	2.5	3.1	22.6%	30.9%	38.1%
11	8.1	6.4	5.8	5.1	1.7	2.3	3.0	21.0%	28.7%	36.5%
12	8.1	6.5	5.9	5.3	1.6	2.2	2.8	19.4%	26.9%	35.0%
13	8.1	6.6	6.0	5.4	1.5	2.1	2.7	18.7%	25.4%	33.5%
14	8.1	6.7	6.2	5.7	1.4	1.9	2.5	17.6%	23.8%	30.3%
15	8.1	6.8	6.3	5.8	1.3	1.8	2.3	16.3%	22.1%	28.7%
16	8.1	6.9	6.4	5.8	1.2	1.7	2.3	15.1%	21.3%	28.6%
17	8.1	6.9	6.5	6.0	1.2	1.6	2.1	14.6%	20.0%	25.7%
18	8.1	7.0	6.5	6.2	1.1	1.5	1.9	13.9%	19.1%	23.5%
19	8.1	7.1	6.7	6.1	1.0	1.4	2.0	12.7%	17.7%	24.4%
20	8.1	7.1	6.8	6.5	1.0	1.3	1.6	12.1%	16.4%	20.2%
21	8.1	7.2	6.9	6.5	0.9	1.2	1.6	10.9%	15.1%	19.5%
22	8.1	7.2	6.9	6.5	0.8	1.2	1.6	10.4%	14.7%	19.4%
23	8.1	7.3	7.0	6.7	0.8	1.1	1.4	9.5%	13.6%	17.0%
24	8.1	7.4	7.1	6.8	0.7	1.0	1.3	8.8%	12.5%	15.6%
25	8.1	7.4	7.2	6.9	0.7	0.9	1.2	8.1%	11.4%	14.4%

HPLCで分析したものを繰り返し抽出なしの条件で,パソコン上で試行した.

持するためには最低10個体程度は必要と推定された．ただし，ここで用いたサンプルの採取時期は毒化のピークを超えた後期のものであり，あくまでも一例であることには留意する必要がある．

1・4　まとめ

貝毒原因プランクトンのモニタリングでは，現在は柱状採水も表層採水における細胞密度と同じ注意，警戒値で運用しているが，柱状採水の密度は水柱平均値となるため，表層値との違いが生じる．そのため，今後この密度による注意，警戒値を設定する必要がある．また，アサリのように毒化の早い貝種においては注意密度に達した時点で二枚貝の毒化モニタリングへの移行を検討することが必要であろう．今回の調査で，アカガイ，トリガイで個体間の毒量のばらつきが大きいことが確認されたが，毒化時期や限定された海域ではばらつきの程度が異なってくると推測されることから，今後毒化の初期，盛期，末期といった時間的，また距離を隔てた漁場間といった空間的な個体ごとの毒量のばらつきに関する情報を蓄積するとともに，貝毒検査には十分なサンプル数を確保する必要があろう．

§2. 三重県沿岸における麻痺性貝毒の特徴

三重県における麻痺性貝毒の発生は1975年に尾鷲湾で *A. catenella* による赤潮が発生し，アサリやムラサキイガイなどの毒化が確認されたのが最初の公式記録である．三重県では1981年から水産庁の委託事業によりモニタリングが開始され現在も継続されている．

今回は，三重県で実施した1980～2015年までの36年間の貝毒モニタリングデータを解析し，県内における麻痺性貝毒の原因プランクトンである *Alexandrium* 属や *G. catenatum* の分布と出現の特徴，二枚貝の毒性値と原因プランクトンとの関係について整理した．なお，二枚貝の貝毒検査は可食部全体を検査し，マウス毒性試験に従ってマウス毒性値（MU/g可食部）を求めた[10]．

2・1　麻痺性貝毒原因プランクトンの出現状況

モニタリング対象海域は，伊勢湾，鳥羽海域，的矢湾，英虞湾，度会海域，尾鷲海域の6海域を図9・7に示す．

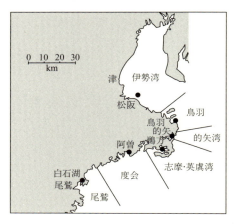

図9·7 貝毒モニタリング調査地点

モニタリングは3～6月を中心に概ね月1回,二枚貝の貝毒調査と併せてプランクトン調査を実施した.プランクトン調査は0 m,2 m,5 m,10 m,底上1 m層を基本とし,各層から海水を採取するとともに水温,塩分を測定した.採取した海水はガラス繊維ろ紙や孔径20 μmのプランクトンネットで100倍に濃縮し,光学顕微鏡で濃縮海水を1 mL観察して Alexandrium 属および G. catenatum の細胞数を計数した.Alexandrium 属の種の同定は細胞外形のほか,頂孔板,第1頂板,後縦溝板の形態的特徴に基づいて行った[11,12].

　三重県内で出荷自主規制値を超える二枚貝の毒化を引き起こしたプランクトンは A. catenella, A. tamarense, G. catenatum の3種であった(表9·2).

1) A. catenella

本種は伊勢湾で少なく,英虞湾より南方海域での出現が多い傾向である.10～11月を除く広い時期に出現し,とくに5～6月に出現頻度,出現密度がともに他の時期に比べて高い.出現水温は9.2～25.8℃の範囲で,とくに16～23℃での出現が多い.塩分は22.2～35.4の範囲で,とくに27～34での出現が多い(図9·8).

2) A. tamarense

本種は伊勢湾で多く,南方海域での出現は少ない傾向で尾鷲湾では出現して

表9·2　麻痺性貝毒原因プランクトンの特性

	A. catenella	A. tamarense	G. catenatum
出現海域	伊勢湾～熊野灘沿岸 (主に的矢湾以南)	伊勢湾～熊野灘沿岸 (主に的矢湾以北)	熊野灘沿岸
出現時期	4～7月 (尾鷲湾では2月にも出現)	2～4月	3～7月 (冬季にも出現)
毒化事例	有	有	有

いない．3～6月および12月に出現し，とくに3月の出現頻度，出現密度がともに他の時期に比べて高い．出現水温は7.5～21.3℃の範囲で，とくに7.5～15℃での出現が多い．塩分は27.5～34.4の範囲で，とくに28～34での出現が多い（図9・9）．

3) *G. catenatum*

本種は英虞湾より南方海域での出現が多い傾向で伊勢湾，鳥羽海域，的矢湾では出現していない．2～8月および11月の広い時期に出現し，出現頻度は6月が最も高く，出現密度は8月が他の時期に比べて高い．出現水温は12.4～30.3℃の範囲で，とくに17.5～25℃での出現が多い．塩分は29.0～34.2の範囲で，とくに31～34での出現が多い（図9・10）．

2・2 二枚貝の麻痺性貝毒の毒化状況

三重県沿岸域海域における1980～2015年までの36年間に，二枚貝のマウス毒性値の検出総件数は49件であった（図9・11）．海域別では伊勢湾2件，鳥羽海域12件，的矢湾4件，英虞湾12件，度会海域11件，尾鷲海域8件であった．これらのうち出荷自

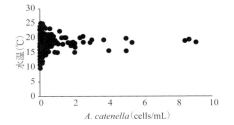

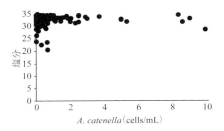

図9・8 *A. catenella* の出現密度と水温，塩分の関係

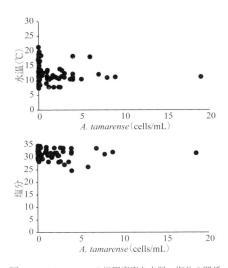

図9・9 *A. tamarense* の出現密度と水温，塩分の関係

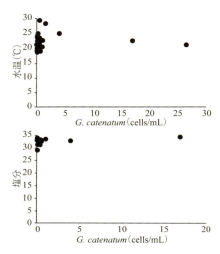

図9・10　*G. catenatum* の出現密度と水温，塩分の関係

主規制となる 4 MU/g 以上の麻痺性貝毒が検出されたのは 15 件で，鳥羽海域 3 件，的矢湾 2 件，英虞湾 5 件，度会海域 4 件，尾鷲海域 1 件で伊勢湾海域はなかった．麻痺性貝毒原因プランクトンについては *A. catenella* が全体の 60％を占めて最も多く，次いで *A. tamarense*，*G. catenatum* の順であった（図 9・12）．

三重県では 2000 年以降ほぼ毎年のように二枚貝の毒化があり，出荷自主規制となる 4 MU/g 以上の貝毒が 2〜3 年ごとに発生するようになり，近年二枚貝の毒化リスクが高くなっているので，今後も貝毒モニタリングを継続していく必要がある．

2・3　二枚貝の毒化と原因プランクトンとの関係

2015 年 6〜9 月にかけて英虞湾で発生した *G. catenatum* による麻痺性貝毒のプランクトン密度とマウス毒性値の推移を図 9・13 に示す．

G. catenatum は 6 月中旬から出現して増加し，7 月下旬には最高密度が 8

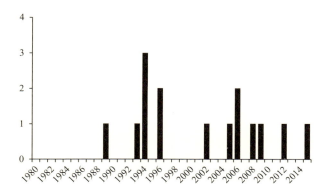

図 9・11　三重県における麻痺性貝毒 4 MU/g 以上の年間発生件数

cells/mL となったがその後は急速に減少して8月上旬には消滅した．この期間中水深2mにヒオウギガイを垂下して毒化状況を調査した．麻痺性貝毒は G. catenatum の増加に伴い上昇し7月下旬には 4 MU/g を超え，8月上旬には最高値 9.9 MU/g となったが，その後も G. catenatum が消滅したにもかかわらず貝毒は9月下旬まで検出された．ヒオウギガイは毒化すると原因プランクトンが消滅しても毒は減少しにくく，これまでにも同じような

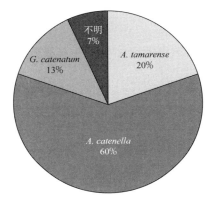

図 9・12 4 MU/g 以上の麻痺性貝毒発生時の原因プランクトン割合

事例がある．このため貝毒モニタリング調査はプランクトンの出現状況だけで毒化を判断すると誤まることがあるので貝毒検査と併せて行う必要がある．

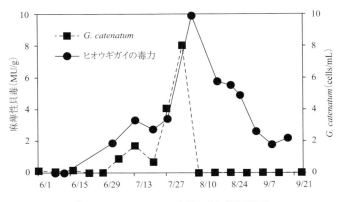

図 9・13 G. catenatum の出現密度と麻痺性貝毒

§3. 広島県沿岸における麻痺性貝毒の消長について

二枚貝では種ごとに麻痺性貝毒の蓄積・解毒の機構が異なることが知られている．これまで貝種間の毒化比較により，国内でも貝種ごとの毒化レベルや毒化期間の違いが示されている[13-15]．

麻痺性貝毒により4 MU/gを超えて毒化した貝類は，食品衛生法に基づき，流通が禁止されるとともに，漁業関係者による出荷自主規制が実施される．現在，農林水産省消費・安全局長通知（26消安第6073号）では，貝毒発生時の監視強化が図られる一方，従来の3回連続規制値以下の条件にかかわらず，二枚貝などの貝毒の蓄積や低下に関する科学的知見および可食部毒力の検査の結果に基づき，安全性を確認したうえで出荷再開することができるとされている．

　髙田ら[16]はマガキ，ホタテガイおよびムラサキイガイの垂下試験による毒化の結果から，①マガキは他の二枚貝と比較して毒力の消失が早いこと，②原因プランクトンが消滅すると速やかに毒力が減少し，2週間後には不検出となること，③通常，毒の減少期に入って毒力が一旦4 MU/g以下になると，再び4 MU/gを超えることはないことなどを示し，毒の蓄積能や解毒能の差異から，貝種に応じた基準設定に必要な科学的根拠を明らかにしている．

　ここでは，国内のカキ生産量の半分以上を占めている広島県の麻痺性貝毒規制体制を紹介するとともに，これまで蓄積されてきた広島県の行政検査などデータから，カキの毒力の消長などに関する解析の結果を示す．

3・1　麻痺性貝毒規制体制

　広島県において，1992年に *A. tamarense* を原因とした大規模な麻痺性貝毒が発生し，当時，カキ廃棄により12億円もの被害が生じた．以後，毎年貝毒が検出され，2007年以降ではしばらく貝毒が検出されない期間が続いたが，2012年および2013年に再び検出されている．

　広島県では貝毒対策実施要領に基づき，県内の生産海域を8海域に分け，貝毒原因プランクトンおよび貝毒のモニタリングを実施している（図9・14）．本要領は1990年に制定後，海域区分の設定や部分的解除などの改正を行いながら実効的に運用されている．麻痺性貝毒による出荷自主規制は原則として，毒力が3回連続4 MU/g以下となった場合に解除となる．これに加えて2 MU/g以下となった場合についても，貝毒原因プランクトンの推移などを考慮に入れながら，行政団体および研究機関による判定会議を経て解除としている．これまでの県内発生事例では，多くが2 MU/g以下となった場合に解除となっている．一方，毒力が2 MU/gを超え，急激な毒化の恐れがある場合は注意体制となり，生産者団体が毎日自主検査を実施して安全確認後に出荷している．注意

図9・14 広島県海域区分（検体採取地点一覧図）（広島県貝毒対策要領より）
　カキの輸送時には，採取海域ごとに輸送容器の紐の色を変え，貝毒発生海域からの混入を防止している．

体制は急激に4 MU/gを超えた際，廃棄による被害を最小限にするために取り決められたものであるが，毒力が2〜4 MU/gを維持した場合は注意体制が継続されるため，この期間が長期に及ぶ場合は生産者への負担は大きいものとなる．

3・2 検査データの解析

広島県でモニタリングを実施している3種の貝類（カキ，アサリおよびムラサキイガイ）の麻痺性貝毒の検査データ（行政検査および自主検査）のうち，4 MU/gを超えた事例について，毒力と減毒に要する日数（減毒日数）を解析することにより，出荷自主規制解除要件の妥当性について検討した[17]．

1992〜2013年の広島県の麻痺性貝毒検査データ（行政検査および自主検査）のうち，貝毒が4 MU/gを超えた後，終息が確認されたケースについて，減毒期の毒力の推移および減毒日数を解析した（カキ n=42，アサリ n=21，ムラサキイガイ n=17）．出荷規制期間中の毒力は複数のピークを有する場合があるため，出荷規制解除となる直近ピークを解析対象とした．この直近ピーク値

（以下ピーク値）から，規制解除基準の 4 MU/g を下回るまでの日数 T_{RL} を一次補間により求め，減毒日数を算出した．また，広島県の場合は 2 MU/g 以下を解除の一つの基準としていることから，2 MU/g になるまでの日数 $T_{(RL/2)}$，さらに 4 MU/g から 2 MU/g を下回るまでの日数 $T_{(4-2)}$ を同様に算出し，減毒期の毒力の推移および減毒日数について考察した．なお，定量下限値（ND）は 1.75 MU/g として計算した．

求められた毒力と減毒日数の関係（平均値±標準偏差）を表 9・3，9・4 に示す．このうち，毒化レベル（最大毒量）および減毒日数はともにカキが最も低い結果となった．また，T_{RL} は使用したデータの年・海域区分が異なっているにもかかわらず，減毒日数と貝種別で強い相関性（$P<0.001$）が認められた（図 9・15）．毒力（対数値）と減毒日数の強い相関性については，既往文献[18, 19]で示された結果と共通したものである．一方，T_{RL} は種特有の減毒速度の違いよりもむしろ，毒化レベルに大きく影響される[20]可能性があるため，求められた近似式から毒力に応じた貝種ごとの減毒日数推定値を求め，これらを比較したところ（表 9・5），同様にカキの減毒に要する期間が最も短いことが示された．

続いて $T_{(RL/2)}$（図 9・16）については，とくにカキで減毒日数との相関が大きく低下した（カキ $P=0.020$，アサリ $P=0.0016$，ムラサキイガイ $P<0.001$）．

表 9・3　貝種別の平均毒力の比較（1992〜2013 年）

	カキ n=42	アサリ n=21	ムラサキイガイ n=17
平均毒力（MU/g）	13.5±8.9	18.7±15.4	46.0±58.6
最高毒力（MU/g）	38.0	57.8	240

表 9・4　貝種別の減毒日数の比較（1992〜2013 年）

	カキ n=42	アサリ n=21	ムラサキイガイ n=16[*2]
T_{RL}	5.6±3.6	8.9±6.1	14.5±7.2
$T_{(RL/2)}$	10.9±5.8	15.6±6.7[*1]	20.8±7.2[*1]
$T_{(4-2)}$	5.3±5.3	6.4±2.4[*1]	6.2±1.9[*1]

[*1] 2 MU/g を下回らなかった 1 件を除く．
[*2] 外れ値を除外．

9章 西日本における貝毒の特徴とモニタリングの実際　155

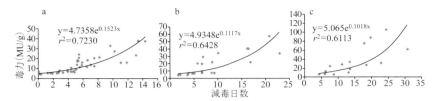

図 9・15　貝種別 T_{RL} と毒力の関係
a：カキ，b：アサリ，c：ムラサキイガイ．

表 9・5　貝種別の T_{RL} 推定値の比較

毒化レベル（MU/g）	カキ	アサリ	ムラサキイガイ
10	4.9	6.3	6.7
20	9.5	12.5	13.5
40	14.0	18.7	20.3

単位：日

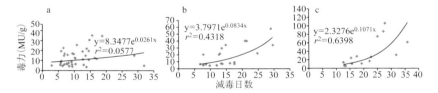

図 9・16　貝種別 $T_{(RL/2)}$ と毒力の関係
a：カキ，b：アサリ，c：ムラサキイガイ．

これは後述の $T_{(4-2)}$ の期間における *A. tamarense* 細胞密度の増加や減少速度の低下，毒の排出特性などによる減毒日数の長期化が影響していると考えられる．

$T_{(4-2)}$ は貝種別の平均値で，カキ 5.3±5.3 日，アサリ 6.4±2.4 日，ムラサキイガイ 6.2±1.9 日と差はわずかではあるが，カキが最も短かった．このうちカキとアサリについては，$T_{(4-2)}$ が 10 日以上に及んでいる事例を含んでいるが，いずれも *A. tamarense* 細胞密度の動向として，減少が緩やか，もしくは再度増加が認められており（図 9・17），これらが長期化に至った要因と考えられた．なお，3種の貝種ともに減毒日数と毒力との相関関係が認められなかったことから（図 9・18），この期間の減毒日数に対する毒化レベルの影響は少ないと考

えられた．

　これまでの行政検査結果では 4 MU/g 以下となった後，多くの場合，速やかに減毒しており，カキでは 8 割近くが翌週検査で 2 MU/g 以下となっていた．さらに，2 MU/g 以下となった後の行政検査結果では，通常，再度 2 MU/g を超えることはなかった．また，超過しても 4 MU/g に到達することなく，翌週検査では ND となっていた．

　以上より，広島県内でモニタリングされている 3 種の貝類の毒力の動向は，カキの毒化レベルが最も低く，減毒日数もカキが最も短かった．このことから，カキは毒の排出能が 3 種の貝類の中で最も高いと推察された．また，高田ら[16]により，麻痺性貝毒成分の組成の推移から，カキと他の貝種との相違が確認されている．これらの解析は広島県海域のデータに限定しているため，本県以外の地域や季節により毒組成が異なる[21]可能性もあるが，とくにカキについて

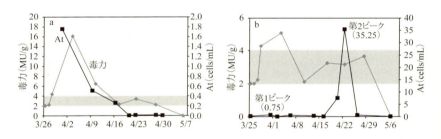

図9・17　*A. tamarense*（At）細胞密度と毒力の変動例
　　　　毒力の ND 値は 0 MU/g としてグラフ表示している．
　　　　a：At 細胞密度が緩やかに減少，b：At 細胞密度が複数ピークを示している．

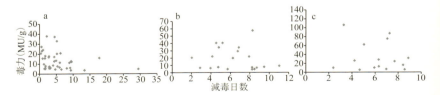

図9・18　貝種別 $T_{(4-2)}$ と毒力の関係
　　　　a：カキ，b：アサリ，c：ムラサキイガイ．

は，出荷自主規制解除要件を検討する科学的根拠の一部になり得ると考える．データ解析結果から広島県の解除基準は，四半世紀に及ぶ運用の中で有効に機能していると考えられる．一方で，毒力の推移が規制値以下で長期化しているケースも確認されており，当時の採取海域の A. tamarense 細胞密度の動向に影響を受けていた．すなわち，貝毒原因プランクトン数がある程度多いまたは増加傾向にある場合は減毒速度が弱まる可能性が高く，実際の解除に当たっては細心の注意が必要であるが，モニタリングおよび判定会議による現行のチェック体制が十分に機能している限り，消費者への安全・安心が確保されるものと考える．

謝　辞

§1のELISAで使用するキットについては大阪府立公衆衛生研究所川津健太郎博士よりご提供いただいた．厚く御礼申し上げる．

文　献

1) 左子芳彦. 有毒渦鞭毛藻 Alexandrium の生活環と広域化. 月刊海洋, 1995; 27 (10): 628-635.
2) Fukuyo Y, Imai I, Kodama M, Tamai K. Red tides and other harmful algal blooms in Japan. In: Max-Taylor FJR, Trainer VL (eds.). *Harmful Algal Blooms in the PICES Region of the North Pacific*. PICES Scientific Report No. 23. Institute of Ocean Sciences, Sidney, Canada. 2002 ; 7-20.
3) Imai I, Yamaguchi M, Hori Y. Eutrophication and occurrences of harmful algal blooms in the Seto Inland Sea, Japan. *Plankton Benthos Res*. 2006; 1 (2): 71-84.
4) 福代康夫. アレキサンドリウム.「赤潮の科学」(岡市友利編) 恒星社厚生閣. 1997; 278-291.
5) 山本圭吾, 中嶋昌紀, 田渕敬一, 濱野米一. 2007年春期に大阪湾で発生した Alexandrium tamarense 新奇赤潮と二枚貝の高毒化. 日本プランクトン学会報 2009; 56: 13-24.
6) 山本圭吾, 中嶋昌紀, 今井一郎. 長期モニタリングデータからみた大阪湾における環境変化と有毒渦鞭毛藻 Alexandrium tamarense ブルーム規模の拡大. 日本プランクトン学会報 2017; 64: 11-21.
7) 山本圭吾, 松山幸彦, 大美博昭, 有山啓之. ブルーム盛期における麻痺性貝毒原因プランクトン Alexandrium tamarense の日周鉛直移動, 環境要因および細胞毒量の変化. 日水誌 2010; 76: 877-885.
8) 山本圭吾, 秋山諭 (印刷中). 大阪湾の貝毒原因プランクトンのモニタリング. 農林水産省農林水産技術会議事務局 (編), 海洋微生物解析による沿岸漁業被害の予測・抑制技術の開発. 農林水産省.
9) Kawatsu K, Hamano Y, Sugiyama A, Hashizume K, Noguchi T. Development and application of an enzyme immunoassay based on a monoclonal antibody against gonyautoxin components of paralytic shellfish poisoning toxins. *J. Food Protect*. 2002; 65 (8): 1304-1308.

10) 厚生省環境衛生局乳肉衛生課長通知（環乳第30号）. 貝毒の検査法等について. 厚生省環境衛生局. 1980.
11) 福代康夫, 井上博明, 高山晴義. 渦鞭毛植物門　渦鞭毛藻綱.「日本産海洋プランクトン検索図説」（千原光雄, 村野正昭編）東海大学出版会. 1997; 31-112.
12) 吉田 誠, 福代康夫. 形態学的特徴からみた *Alexandrium* 属の分類. 日本プランクトン学会報 2000; 47（1）: 34-43.
13) Oshima Y, Yasumoto T, Kodama M, Ogata T, Fukuyo Y, Matsuura F. Features of paralytic shellfish poison occurring in Tohoku district. *Nippon Suisan Gakkaishi* 1982; 48: 525-530.
14) Suzuki T, Yamasaki M, Ota H. Comparison of paralytic shellfish toxin profiles between the scallop *Patinopecten yessoensis* and the mussel *Mytilus galloprovincialis*. *Fish. Sci.* 1998; 64: 850-851.
15) Sekiguchi K, Sato S, Kaga S, Ogata T, Kodama M. Accumulation of paralytic shellfish poisoning toxins in bivalves and an ascidian fed on *Alexandrium tamarense* cells. *Fish. Sci.* 2001; 67: 301-305.
16) 高田久美代, 妹尾正登, 東久保 靖, 高辻英之, 高山晴義, 小川博美. マガキ, ホタテガイおよびムラサキイガイにおける麻痺性貝毒の蓄積と減毒の差異. 日水誌 2004; 70: 598-606.
17) 小田新一郎, 寺内正裕. 広島県海域における二枚貝の麻痺性貝毒の消長について. 広島県立総合技術研究所保健環境センター研究報告. 2015; 23: 1-5.
18) Hurst JW, Gilfillan ES. Paralytic shellfish poisoning in Maine. In: Wilt ES (ed.). *Tenth National Shellfish Sanitation Workshop*. U.S. Dept. Health, Education and Welfare, Food and Drug Administration. Washington, D. C.1977; 152-161.
19) Kaga S , Sato S, Kaga Y, Naiki K, Watanabe S, Yamada Y, Ogata T. Prediction of on site depuration of paralytic shellfish poisoning toxins accumulated in the scallop *Patinopecten yessoensis* of Ofunato Bay. *Fish. Sci.* 2015; 81: 635-642.
20) Bricelj VM, Shumway SE. Paralytic shellfish toxins in bivalve molluscs: occurrence, transfer kinetics, and biotransformation. *Rev. Fish. Sci.* 1998; 6: 315-383.
21) 大島泰克, 濱野米一. 麻痺性貝毒のモニタリング.「貝毒研究の最先端－現状と展望」（今井一郎, 福代康夫, 広石伸互編）恒星社厚生閣. 2007; 19-29.

索　引

⟨A⟩

Alexandrium catenella　12, 110, 140, 148
Alexandrium ostenfeldii　111
Alexandrium tamarense　12, 110, 140, 148
Alexandrium tamiyavanichii　12, 111
Alexandrium 属　12, 22, 110
AZA（azaspiracid）　21
Azadinium spinosum　22

⟨B・C⟩

BTX（brevetoxin）　19
chemical shift　81
Codex　10

⟨D⟩

DA（domoic acid）　17
DAD（Diode Array Detection）　39
Dinophysis acuminata　15, 114
Dinophysis acuta　15
Dinophysis caudata　114
Dinophysis fortii　15, 114
Dinophysis infundibulus　114
Dinophysis norvegica　16
Dinophysis tripos　114
Dinophysis 属　16, 23
DTX（dinophysistoxin）　13
DTX1　15
DTX2　15
DTX3　15

⟨E・F⟩

ELISA（Enzyme-Linked Immuno-Sorbent Assay）
　　32, 36, 42, 49, 59, 61, 63, 144
ESI（Electrospray Ionization）　41
FLD（Fluoresence Detection）　40

⟨G⟩

Gymnodinium catenatum　12, 110, 111, 140, 149
Gymnodinium 属　12, 22

⟨H・K⟩

HPLC（High Performance Liquid Chromatography）　36
Karenia brevis　19

⟨L⟩

LC/FLD　44
LC/MS/MS　45

⟨M⟩

MS（Mass Spectrometry）　40
MRM（Multiple Reaction Monitoring）　42

⟨N・O⟩

NMR（Nuclear Magnetic Resonance）　80
N-スルホカルバモイル毒　11
OA（okadaic acid）　13, 15

⟨P⟩

PP2A　52
Prorocentrum lima　74
Protoceratium reticulatum　114
Pseudo-nitzschia australis　17
Pseudo-nitzschia multiseries　17
Pseudonitzschia seriata　17
Pseudo-nitzschia 属　17

⟨S⟩

SIM（Selected Ion Monitoring）　42
STX（saxitoxin）　10

⟨U⟩

UPLC（Ultra-Performance Liquid Chromatography）　48
UV/ VisD（Ultraviolet and Visible Absorption Detection）　39

〈あ行〉
アザスピロ酸　21
値付け　88
イオン交換クロマトグラフィー　38
一次標準測定法　89
液体クロマトグラフィー　36
　　──／蛍光検出法　44
　　──／ダイオードアレイ検出法　48
　　──／タンデム質量分析法　45
オカダ酸　13
　　──群　13

〈か行〉
貝中毒　9
貝毒　9
　　──原因プランクトン　12, 15, 17, 19, 22, 34, 110
　　──リスク管理ガイドライン　27
外標準法　81, 83
化学シフト　81
核磁気共鳴法　80
下降期判断基準　102
カルバモイル毒　11
簡易測定法　49, 52, 58
監視強化時期　32
（貝毒）監視体制　22, 127, 137
緩和時間（T₁）　83
記憶喪失性貝毒　17
機器分析法　36
基準値　10
吸着クロマトグラフィー　37
蛍光 HPLC　44, 59, 68
蛍光検出法　40
計量計測トレーサビリティ　86
下痢性貝毒　13, 28, 110, 120
　　──原因種　114
　　──公定法　29
酵素阻害測定法　52
酵素結合免疫吸着法　32
国際単位系（SI）　80, 86
個体差　102
国家計量標準　90

〈さ行〉
サイズ排除クロマトグラフィー　39
細胞毒量　120
サキシトキシン　10
　　──群　10
紫外可視吸光光度検出法　39
四重極型質量分析計　41
シスト（休眠接合子）　111, 128
質量分析法　40
ジノフィシストキシン　13
出荷自主規制　27, 32
　　──措置　23
処理加工基準　96
神経性貝毒　19
スクリーニング（法）　32, 58, 61, 63, 65, 71
　　──基準値　63
選択イオン検出　42
組成標準物質　94

〈た行〉
ダイオードアレイ検出法　39
多重反応モニタリング　42
脱カルバモイル毒　11
超高速液体クロマトグラフィー　48
定量 NMR（法）　80, 81, 89
電子スプレーイオン化法　41
東北沿岸域　127
ドウモイ酸　17
　　──群　17

〈な行〉
内因性休眠期間　111
内標準法　81, 82
西日本　140
認証標準物質　73, 76, 80, 86, 87, 91

〈は行〉
標準物質　73, 87
部位別分布　102
ブレベトキシン　19
　　──群　19
プロテインフォスファターゼ 2A　52

分配クロマトグラフィー　37

〈ま行〉
マウス毒性試験　28, 43
麻痺性貝毒　10, 110, 117
　　──原因種　110

メートル条約　90

〈や・ら行〉
有毒部位の除去　33
リスク管理　30

本書の基礎となったシンポジウム

平成 28 年度日本水産学会秋季大会シンポジウム
「新たな貝毒リスク管理措置の導入に向けた研究」
企画責任者：鈴木敏之（水産機構中央水研）・神山孝史（水産機構東北水研）・飯岡真子（農水省
　　　消安局）・大島泰克（東北大名誉教授），金庭正樹（水産機構本部）

開会挨拶　　　　　　　　　　　　　　　　　　　　大島泰克　（東北大名誉教授）

I. 新たな貝毒リスク管理措置と検査法について　　座長　大島泰克　（東北大名誉教授）
　1. 貝毒リスク管理措置の見直しについて　　　　　　　飯岡真子　（農水省消安局）
　2. 貝毒標準品の製造技術開発と機器分析法　　　　　　鈴木敏之　（水産機構中央水研）
　3. 貝毒標準品の定量 NMR 法による値付け　　　　　　渡邊龍一　（水産機構中央水研）
　4. 下痢性貝毒蛍光 HPLC 法による陸奥湾ホタテガイのモニタリング
　　　　　　　　　　　　　　　　　　　　　　　　　　高坂祐樹　（青森水総研）
　5. 熊本県海域におけるエライザ法による天然二枚貝の麻痺性貝毒モニタリング
　　　　　　　　　　　　　　　　　　　　　　　　　　島田小愛　（熊本水研セ）
　6. 麻痺性貝毒の機器分析による二枚貝毒化・減毒予察　及川　寛　（水産機構中央水研）

II. 新たな貝毒リスク管理措置のための知見整理　　座長　神山孝史　（水産機構東北水研）
　1. 麻痺性貝毒プランクトン給餌による毒化貝の部位別毒性と減毒期の毒組成変化
　　　　　　　　　　　　　　　　　　　　　　　　　　三上加奈子　（道中央水試）
　2. 岩手県沿岸における貝類毒化の特徴　　　　　　　　加賀克昌　（岩手水技セ）
　3. 震災後の宮城県沿岸における *Alexandrium* 属シストの分布
　　　　　　　　　　　　　　　　　　　　　　　　　　田邉　徹　（気仙沼水試）
　4. ホタテガイにおける下痢性貝毒の個体差と部位別分布　松嶋良次　（水産機構中央水研）
　5. 大阪府沿岸における麻痺性貝毒モニタリング　　　　山本圭吾　（大阪環農水総研）
　6. 三重県沿岸における麻痺性貝毒の特徴　　　　　　　藤原正嗣　（三重水研）
　7. 広島県沿岸における麻痺性貝毒の消長について　　　小田新一郎　（広島県保健環境セ）

III. 総合討論　　　　　　　　　　　　　　　　　　座長　鈴木敏之
　　　　　　　　　　　　　　　　　　　　　　　　登壇者　神山孝史，金庭正樹，
　　　　　　　　　　　　　　　　　　　　　　　　　　　　大島泰克，飯岡真子

閉会挨拶　　　　　　　　　　　　　　　　　　　　金庭正樹　（水産機構本部）

出版委員
浅川修一　石原賢司　井上広滋　岡﨑惠美子
塩出大輔　高橋一生　芳賀　穣　細川雅史
矢田　崇　山口晴生　山本民次　横田賢史

水産学シリーズ〔187〕　　　定価はカバーに表示

貝毒
－新たな貝毒リスク管理措置ガイドラインとその導入に向けた研究

The new guideline for risk management measures for shellfish toxins and investigation on its implementation

平成 29 年 9 月 25 日発行

編　者　　鈴木敏之
　　　　　神山孝史
　　　　　大島泰克

監　修　　公益社団法人 日本水産学会
　　　　　〒 108-8477　東京都港区港南　4-5-7
　　　　　　　　　　　東京海洋大学内

発行所　〒 160-0008
　　　　東京都新宿区三栄町 8
　　　　Tel　03（3359）7371
　　　　Fax　03（3359）7375
　　　　株式会社　恒星社厚生閣

© 日本水産学会，2017.
印刷・製本　（株）ディグ

水産学シリーズ

日本水産学会　編／監修
各巻 A5判 並・上製　金額は税別
恒星社厚生閣

1	水圏の富栄養化と水産増養殖	本体3,000円	49	資源生物としてのサメ・エイ類	本体3,000円
2	のりの病気	本体3,000円	50	魚肉ねり製品 —研究と技術	本体3,000円
3	食品の水 —水分活性と水の挙動	本体3,000円	51	人工魚礁	本体3,000円
4	魚の品質	本体3,000円	52	水産食品と栄養	本体3,000円
5	対馬暖流 —海洋構造と漁業	本体3,000円	53	漁業と環境 —水域別の現状と問題点	本体3,000円
6	魚類の成熟と産卵 —その基礎と応用	本体3,000円	54	養魚飼料 —基礎と応用	本体3,000円
7	魚類とアニサキス	本体3,000円	55	秋サケの資源と利用	本体3,000円
8	稚魚の摂餌と発育	本体3,000円	56	貝毒プランクトン —生物学と生態学	本体3,000円
9	魚類種族の生化学的判別	本体3,000円	57	水産動物の筋肉脂質	本体3,000円
10	海洋の生態系と微生物	本体3,000円	58	環境化学物質と沿岸生態系	本体3,000円
11	南方カツオ漁業 —その資源と技術	本体3,000円	59	マダイの資源培養技術	本体3,000円
12	種苗の放流効果 —アワビ・クルマエビ・マダイ	本体3,000円	60	魚の低温貯蔵と品質評価法	本体3,000円
13	白身の魚と赤身の魚 —肉の特性	本体3,000円	61	水産増養殖と微生物	本体3,000円
14	水産資源の有効利用 —資源管理から利用加工まで	本体3,000円	62	漁業からみた閉鎖性海域の窒素・リン規制	本体3,000円
15	水産動物のホルモン	本体3,000円	63	魚のスーパーチリング	本体3,000円
16	石油汚染と水産生物	本体3,000円	64	海産付着生物と水産増養殖	本体3,000円
17	海の生態学と測定	本体3,000円	65	海産有用生理活性物質	本体3,000円
18	水産生物のPCB汚染	本体3,000円	66	資源評価のための数値解析	本体3,000円
19	イワシ・アジ・サバまき網漁業	本体3,000円	67	水産食品のテクスチュアー	本体3,000円
20	魚肉タンパク質	本体3,000円	68	下水処理水と漁場環境	本体3,000円
21	浅海養殖と自家汚染	本体3,000円	69	水産動物の日周活動	本体3,000円
22	養魚と飼料脂質	本体3,000円	70	フグ毒研究の最近の進歩	本体3,000円
23	増殖技術の基礎と理論 —その発展の糸口として	本体3,000円	71	エビ・カニ類の種苗生産	本体3,000円
24	魚の呼吸と循環	本体3,000円	72	魚介類のエキス成分	本体3,000円
25	水産動物のカロテノイド	本体3,000円	73	漁具に対する魚群行動の研究方法	本体3,000円
26	水産生物の遺伝と育種	本体3,000円	74	水産物のにおい	本体3,000円
27	海洋の生化学資源	本体3,000円	75	水産増養殖と染色体操作	本体3,000円
28	漁具の漁獲選択性	本体3,000円	76	水産動物筋肉タンパク質の比較生化学	本体3,000円
29	水産食品の鑑定	本体3,000円	77	魚貝類の生息環境と着臭	本体3,000円
30	水域の自浄作用と浄化	本体3,000円	78	養殖魚の価格と品質	本体3,000円
31	ホタテガイの増養殖と利用 —増養殖の体系化に向けて	本体3,000円	79	海洋微生物の生物活性物質	本体3,000円
32	淡水養魚と用水	本体3,000円	80	テレメトリーによる水生動物の行動解析	本体3,000円
33	水産加工食品の保全	本体3,000円	81	魚肉の栄養成分とその利用	本体3,000円
34	赤　潮 —発生機構と対策	本体3,000円	82	海面養殖と養魚場環境	本体3,000円
35	多獲性赤身魚の有効利用	本体3,000円	83	魚類の初期発育	本体3,000円
36	かご漁業	本体3,000円	84	水産加工とタンパク質の変性制御	本体3,000円
37	魚類の化学感覚と摂餌促進物質	本体3,000円	85	海産魚の産卵・成熟リズム	本体3,000円
38	藻場・海中林	本体3,000円	86	魚類の死後硬直	本体3,000円
39	活魚輸送	本体3,000円	87	漁場環境容量	本体3,000円
40	海洋動物の非グリセリド脂質	本体3,000円	88	食用藻類の栽培	本体3,000円
41	魚類の成熟・産卵の制御	本体3,000円	89	海洋生理活性物質研究法	本体3,000円
42	有毒プランクトン —発生・作用機構・毒成分	本体3,000円	90	東南アジアの水産養殖	本体3,000円
43	沿岸海域の富栄養化と生物指標	本体3,000円	91	微細藻類の利用	本体3,000円
44	シオミズツボワムシ —生物学と大量培養	本体3,000円	92	有機スズ汚染と水生生物影響	本体3,000円
45	海藻の生化学と利用	本体3,000円	93	放流魚の健苗性と育成技術	本体3,000円
46	水産資源の解析と評価 —その手法と適用例	本体3,000円	94	海洋生物のカロテノイド —代謝と生物活性	本体3,000円
47	魚類の物質代謝	本体3,000円	95	水域の窒素：リン比と水産生物	本体3,000円
48	漁業環境アセスメント	本体3,000円	96	水産脂質 —その特性と生理活性	本体3,000円

97	水産資源解析と統計モデル	本体3,000円	148	ブリの資源培養と養殖業の展望	本体2,600円
98	魚類の初期減耗研究	本体3,000円	149	水産物の原料・産地判別	本体2,800円
99	赤潮と微生物 –環境にやさしい微生物農薬を求めて 本体3,000円		150	養殖海域の環境収容力	本体3,600円
100	現代の水産学	本体5,630円	151	海洋深層水の多面的利用	
101	魚介類の摂餌刺激物質	本体3,600円		–養殖・環境修復・食品利用	本体2,800円
102	新しい養魚飼料 –代替タンパク質の利用 本体3,600円		152	テレメトリー –水生動物の行動と漁具の運動解析 本体2,500円
103	水産と環境	本体3,600円	153	貝毒研究の最先端 –現状と展望	本体2,700円
104	水産動物の生体防御	本体2,430円	154	音響資源調査の新技術	
105	漁業の混獲問題	本体3,600円		–計量ソナー研究の現状と展望	本体2,800円
106	魚介類の鮮度判定と品質保持	本体2,430円	155	微生物の利用と制御 –食の安全から環境保全まで 本体2,600円
107	ウナギの初期生活史と種苗生産の展望 本体2,430円		156	閉鎖性海域の環境再生	本体2,800円
108	魚の行動生理学と漁法	本体3,600円	157	森川海のつながりと河口・沿岸域の生物生産 本体3,600円
109	イルカ類の感覚と行動	本体2,200円	158	水産物の色素 –嗜好性と機能性	本体2,700円
110	生物機能による環境修復		159	安定同位体スコープで覗く海洋生物の生態	
	–水産におけるBioremediationは可能か	本体3,600円		–アサリからクジラまで	本体2,900円
111	トラフグの漁業と資源管理	本体3,600円	160	磯焼けの科学と修復技術	本体2,600円
112	ヒラメの生物学と資源培養	本体3,600円	161	アサリと流域圏環境	
113	有用海藻のバイオテクノロジー	本体2,500円		–伊勢湾・三河湾での事例を中心として	本体2,900円
114	魚介類の細胞外マトリックス	本体2,200円	162	市民参加による浅場の順応的管理 本体2,900円
115	水産動物の成長解析	本体2,300円	163	新しい漁業のデザイン –沖合漁業の問題とその改善
116	砂浜海岸における仔稚魚の生物学 本体3,600円		164	魚介類アレルゲンの科学	
117	水産育種に関わる形質の発現と評価 本体3,600円		165	生鮮魚介類の高品質管理 –漁獲から流通まで 本体3,600円
118	水産資源・漁業の管理技術	本体2,500円	166	漁灯を活かす技術・制度の再構築へ
119	マイワシの資源変動と生態変化	本体3,600円	167	「里海」としての沿岸域の新たな利用 本体3,600円
120	磯焼けの機構と藻場修復	本体2,500円	168	クロマグロ養殖業 –技術開発と事業展開
121	漁業と資源の情報学	本体2,500円	169	浅海域の生態系サービス –海の恵みと持続的利用 本体3,600円
122	魚貝類筋肉タンパク質 –その構造と機能 本体2,200円		170	日本産水産物のグローバル商品化	
123	水産養殖とゼロエミッション	本体3,600円		–その戦略と技術	
124	TAC管理下における直接推定法	本体2,200円	171	アンチエイジングをめざした水産物の利用 本体3,600円
125	HACCPと水産食品	本体3,600円	172	沿岸漁獲物の高品質化 –短期畜養と流通システム
126	水産環境における内分泌攪乱物質 本体2,500円		173	豊穣の海・有明海の現状と課題	
127	漁具の選択特性の評価と資源管理 本体2,200円		174	フグ研究とトラフグ生産技術の最前線
128	魚類の自発摂餌 –基礎と応用	本体2,500円	175	漁業資源の繁殖特性研究	
129	オゴノリの利用と展望			–飼育実験とバイオロギングの活用	
130	かまぼこの足形成	本体3,600円	176	魚類の行動研究と水産資源管理
131	スズキと生物多様性	本体3,600円	177	沿岸魚介類資源の増殖とリスク管理
132	水産における水圏環境保全と修復機能 本体2,500円			–遺伝的多様性の確保と放流効果のモニタリング
133	海藻食品の品質保持と加工・流通 本体3,600円		178	通電加熱による水産食品の加熱と殺菌 本体3,600円
134	有害・有毒藻類ブルームの予防と駆除 本体3,600円		179	魚食と健康 –メチル水銀の生物影響
135	魚類の免疫系		180	真珠研究の最前線 –高品質真珠生産への展望
136	水産動物の性と行動生態	本体2,600円	181	ハタ科魚類の水産研究最前線
137	養殖魚の健全性に及ぼす微量栄養素 本体3,600円		182	魚類の初期生活史研究	
138	エビ・カニ類資源の多様性	本体2,600円	183	魚介肉内在性プロテアーゼ	
139	マアジの産卵と加入機構 –東シナ海から日本沿岸へ 本体2,300円			–最新の生化学と食品加工への応用	本体3,600円
140	微量人工化学物質の生物モニタリング 本体2,800円		184	新技術開発による東日本大震災	
141	水産物の品質・鮮度とその高度保持技術 本体3,600円			からの復興・再生	
142	水産機能性脂質 –給源・機能・利用 本体2,900円		185	地下水・湧水を介した陸–海のつ	
143	水産食品の安全・安心対策 –現状と課題 本体2,800円			ながりと人間社会	
144	ベントスと漁業	本体2,800円	186	水産物の先進的な冷凍流通技術と	
145	流出油の海洋生態系への影響			品質制御 –高品質水産物のグローバル流通を可能に	
	–ナホトカ号の事例を中心に	本体2,600円	187	貝 毒	
146	かまぼこの足形成Ⅱ –水の挙動とゲル物性の変化 本体3,600円			–新たな貝毒リスク管理措置ガイドラインとその導入に向けた研究 本体3,600円
147	レジームシフトと水産資源管理	本体3,600円			

(全187巻)